U0723348

心中开出莲花，世界一片清凉

木槿花 —— 著

中国华侨出版社

前　言

我们远比想象中更有选择的权利。

每天为生计疲于奔波的你，可以选择一直抱怨生活平凡无味，也可以选择充实自己，去做一些自己喜欢做的事。

时刻抱怨生活处处都不如意的人，可以选择继续抱怨由孩子、家庭、工作制造的种种源源不绝的小毛病，也可以选择去原谅这不完美的生活，并愉快地处理这些令人头痛的小烦恼。

不可否认，这的确是一个浮躁的时代，但是却依然并不妨碍我们的选择：是随波逐流、甘愿被打上浮躁的烙印，还是主动改变，拒绝被时代的浮躁侵袭？

虽然我们无法改变世界，但是却有能力改变自己，烦恼的根源不在于世界如何，外界的环境如何，而在于每个人面对世界的态度。我们可以在匆忙的世界里觅得清凉初心，可以在烦恼的世界里自在自得，也可以在浮躁的环境下诗意地生活。

繁花盛开，却独独喜欢莲花优雅从容的姿态。远离众人之外，不媚不俗，不惊不扰，安静面对世间的风雨，柔软却自有其坚韧的风骨。人也该是如此，不被世俗裹挟，不贪图世间所有的繁华，只活出内心独有的优雅，犹如一朵莲，在轻绽美丽的时光里，只做最真的自己。清风徐来，便微笑相迎；暴雨侵袭，便傲然挺立。

愿你的心中也能盛放一朵莲，拥有一些智慧，善用"第三只眼睛"去发现平凡生活的另一面；拥有一些淡然，将身心安住在当下，年华不再荒芜；拥有一些慈悲，学会爱，学会释然；拥有一些坚守，在匆忙而慌张的世界里，稳稳向前。

目录
Contents

第一辑

过往云淡风轻，我且微笑前行

行走在繁华都市中，人是需要一些智慧的。有智慧的人，心态平和、宁静，能以一颗包容之心看待万事万物，并善于用"第三只眼"去发现平凡生活中的幸福。这就像美丽的太阳照耀着我们，为自己选择了一种行云流水、舒适惬意的生活。

第 1 章

人生诸多美事，不敌一颗平静的心

漫漫红尘中，我们需要保持一颗平静的心灵，心平气和、安然淡定。无论我们走到哪里，做什么事情，心中总会有一片碧海青天。静心是清明，静心是觉悟！从内心出发的静修之旅，成就了我们包容万物的智慧，也使内心得以真正的安宁。

1

一念心清净，处处莲花开

一位心理专家曾问过无数人："什么是人生美事？"人们大都列出一张清单：权力、美貌、健康、才华、爱情、财富……心理专家摇摇头，开出一剂"良药"——保持心灵的清净，并叮嘱道："没有它，上述种种都会给你带来极大的痛苦！"

当今社会压力重，诱惑多，人需要修养，需要宁静，心是最大的净土。如果没有良好的心态，就会终日为生计奔忙，加重生命的负担，加速心情的浮躁，终使自己心力交瘁、迷惘躁动，而与豁达康乐无缘。

俗话说，世上本无枷，心锁困住人。检查一下生活，相信会发现许多例证：没有恋人想恋人，可结婚以后都经常吵闹甚至要离婚；没有子女想子女，可有了子女真累人；没有权力想权力，有了权力宠辱皆惊；没有钱想钱，可钱多了又担心……这样下去，何来安然可言？这方面的例子不胜枚举，而这些痛苦都是自己找的。

世间万物皆有心，天有天心，天心静，则万籁俱寂，幽然而静美；人有人心，人心静，则心若碧潭，平静而清幽……我们的"心"时时刻刻可能会受到外部世界的冲击，若想做智慧之人，过行云流水的生活，就要使心安住于清净的状态，从而不向外追逐。心静是心安的起点，一念心清净，处处莲花开。

一天，天气酷热，唐朝诗人白居易前往拜访恒寂禅师，却见恒寂禅师在房间内很安静地坐着。白居易就问："禅师！这里好热哦！怎不换个清凉的地方？"

恒寂禅师说："我觉得这里很凉快啊！"

白居易深受感动，于是作诗一首："人人避暑走如狂，独有禅师不出房。非是禅房无热到，为人心静即身凉。"

无论外界如何变幻，让自己的心静一点，再静一点，留给自己一方安宁的晴空，留给自己一隅思索的空间，最容易达到"致虚极，守静笃"的境界，让自己释放和释然，让自己成熟和理智。这种精神修养与心理上的抗干扰能力有着绝对关联，它无法馈赠和积存，只有靠个人修养与定力去体会。

事实上，我们的心本来是自然的、清净的，不造作，不染纤尘，只是被无名的烦恼障蔽后才变得杂乱无章，念念无常，如同湖面起了波涛。因此，我们需要时常进行自我净化，随时去观照自己的心念，如此，才能慢慢摆脱我们身心错误的妄执和贪恋，把内心的世界变得清净，将烦恼驱逐。

从前有一个人是虔诚的佛教信徒，他每天都从自家花园里采撷鲜花到寺院供佛。一天，当他正送花到佛殿时遇到了一位禅师，禅师欣慰地说："你每天都虔诚地来以香花供佛，依经典的记载，常以香花供佛者，来世当得庄严相貌的福报。"

信徒非常欢喜，问道："的确，我每天前来寺礼佛时，自觉心灵就像涤洗过似的清凉。但是奇怪的是，我一回到家，心就烦乱了，请问我如何才能在喧嚣的世事中保持一颗清净纯洁的心呢？"

"你每日以鲜花献佛，相信你对花草会有一些常识。那么，我想请问，花朵如何保持新鲜呢？"禅师反问道。

"这是一个很简单的道理啊"，信徒答道，"保持花朵新鲜的方法莫过于每天换水，并且在换水时把花梗剪去一截，因花梗的一端在水里容易腐烂，腐烂之后水分不易被吸收，就容易凋谢！"

禅师道："要想保持一颗清净的心，其道理也是一样，我们的生活环境像瓶里的水，我们就是花。唯有心静一点，不断地忏悔和检讨，改进陋习和缺点，不停地净化身心，我们才能不断吸收到大自然的精华。"

心静，是生活的一种思考，是人生的一种境界，更是心安的必要智慧。

在竞争激烈的现代社会，很多人每天都是忙忙碌碌，几乎没有一分钟是清静的、清闲的，我们不由得感叹：工作太忙了、事情太多了、应酬太多了，难得有几天清静的日子。如此看来，保持一颗净心就显得尤为重要了。不管外界多么繁乱，内心依旧清净安详，一尘不染，这就是定力。

每天为自己留出十分钟来安静一下，从声色繁华中超脱出来，用智慧随时去观照自己的心念，在宁静中深思和检讨自己，这个时间我们能够承受得起，也能够消受得起。如果你能做到，那么你就将唤醒内心的纯净与宁和，如清淡出尘的莲花一样，淡然绽放，散发出生命的馨香。

2

用平常心拭去生活的浮躁

《洗心禅》里有这么一个典故:

李翱是唐代思想家、文学家,哲学上受佛教影响颇深,他认为人性天生为善,非常钦佩药山禅师的德行。他在担任朗州太守时曾多次邀请药山禅师下山参禅论道,均被拒绝,所以李翱只得亲自登门造访。那天,药山禅师正在山边树下看经,虽然是太守亲自来拜访自己,但他毫无起迎之意,对李翱不理不睬。

见此情景,李翱愤然道:"见面不如闻名!"便拂袖而去。这时,药山禅师冷冷地说道:"太守怎么能贵耳贱目呢!"一句话使得李翱为之所动,遂转身礼拜,一番攀谈后请教"什么是道",药山禅师伸出手指,指上指下,然后问:"懂吗?"李翱道:"不懂。"药山禅师解释说:"云在青天水在瓶!"

"云在青天水在瓶",药山禅师短短的七个字蕴含着两层意思:一是说,云在天空,水在瓶中,这是事物的本来面貌,没有什么特别的地方。只要领会事物的本质、悟见自己的本来面目,也就明白什么是道了;二是说,瓶中之水好比人心,如果你能够保持清净不染,心就像水一样清澈，不论装在什么瓶中，都能随方就圆，有很强的适应能力，能刚能柔，能大能小，就像蓝天上的白云一样，自由自在。

其实，"云在青天水在瓶"不能仅仅成为禅师们启发信徒的一句诗偈，它还应该成为我们为人处世的一种智慧。这是一种淡泊而高远的境界，源于对现实的清醒认识，追求的是沉静和安然，是洞悉人世之后的明智与平和，即保持一种宠辱不惊、物我两忘的平常心，这也是我们现实社会人最难得的精神状态。

的确，在这个个性张扬、浮躁忙乱的年代中，不少人心被撩拨得蠢蠢欲动，不是为名利的患得患失所劳役，就是被人际的钩心斗角所左右，随之而来的必然是痛苦和烦恼。拥有一颗平常心，对待周围的环境做到"不以物喜，不以己悲"，对待周围的人事做到"宠辱不惊，去留无意"，内心也就获得了平静。

弘一法师俗名李叔同，清光绪年间生于富贵之家，是一位才华横溢的艺术家，是名扬四海的风流才子，他集诗词、书画、篆刻、音乐、戏剧、文学等于一身，在多个领域中开创了中华灿烂文化之先河。用他的弟子、著名漫画家丰子恺的话说："文艺的园地，差不多被他走遍了"……

但正当盛名如日中天，正享荣华之时，李叔同却抛却了世俗间的一切享受，到虎跑定慧寺削发为僧了，自取法号弘一。出家24年，他的被子、衣物等，一直是出家前置办的，补了又补，一把洋伞就用了30多年。所居房内异常朴素，除了一桌、一橱、一床，别无他物；他持斋甚严，每日早午两餐，过午不食，饭菜极其简单。弘一法师还视钱财如粪土，对于钱财随到随舍，不积私财。除了几位故旧弟子外，他极少接受其他信徒的供养。据说曾经有一次，有人赠给他一副美国出品的白金水晶眼镜。他马上将其拍卖，卖得五百元，把钱送给泉州开元寺购买斋粮。

弘一法师以教印心，以律严身，内外清净，写出了《四分律比丘戒相表记》、《南山律在家备览略篇》等重要著作……他在宗教界声誉日隆，一步一个脚印地步入了高僧之林，成为誉满天下的大师，中国南山律宗第十一代祖师。正因为此，对于李叔同的出家，丰子恺在《我的老师李叔同》一文中所说："李先生的放弃教育与艺术而修佛法，好比出于幽谷，迁于乔木，不是可惜的，正是可庆的。"

前半生享尽了荣华富贵，后半生却剃度为僧。这种变化，在常人看来觉得不可思议，甚至在心理上难以接受，而弘一法师却以平常心淡定自然地完成了转化。坚持修行严谨的律宗，并且做得平心静气，淡然地享受着"绚烂之极归于平淡"的生活，最终收获了人生的极致绚烂。没有一颗对待荣华富贵的平常心，对待人生际遇的平常心，能达到这种"云在青天水在瓶"的境界吗？

由此可见，以平常心面对一切荣辱不是懦夫的自暴自弃，不是无奈的消极逃避，不是对世事的无所追求，而是人生智慧的升华，是生命高尚境界的觉悟。这需要修行，需要磨炼，一旦我们达到了这种境界，就能在任何场合下，保持最佳的心理状态，充分发挥自己的水平，施展自己的才华，从而实现完满的"自我"。

明朝学者洪应明在《菜根谭》上说："此身常放在闲处，荣辱得失谁能差遣我；此心常安在静中，是非利害谁能蒙昧我。"意思是说，经常把自己的身心放在安闲的环境中，世间所有的荣华富贵和成败得失都无法左右我。经常把自己的身心放在清净的环境中，人间的功名利禄和是是非非就不能欺骗蒙蔽我了。

的确，现代都市人难免会遭到不幸和烦恼的突然袭击，有一些人面对从天而降的灾难，处之泰然，总能使平静和开朗永驻心中；也有一些人面对突变而方寸大乱，甚至一蹶不振，从此浑浑噩噩。为什么受到同样的心理刺激，不同的人会产生如此大的反差呢？原因正在于能否保持一颗平常心，做到宠辱不惊。

保持一颗平常心，意味着面对凡事不骄不躁，"以出世之心，做入世之事"；保持一颗平常心，意味着压力下收放自如，始终有心情去感受宠辱不惊、花开花落的自在。凡事用一颗平常心去看待生活，像天空中的浮云与瓶中的水那样静态，即使不能改变自己的命运，也能将心态调至最佳状态，从而领悟到生活的真谛。

事事平常，事事不平常。平常心看似平常，实不平常。

③

顺其自然是一种智慧的选择

每日奔波在现代都市中，不如意之事十有八九。当被不顺心的事情纠缠时，我们很多人会产生郁闷、焦虑、激愤等情绪，心有滞碍，甚至备感无所适从。这时候，与其纠结不休，不如选择顺其自然，顺其自然也许是最好的选择。

花的开谢时间是随着季节的转换而变化，水在流淌时间是依据地势的变化而变化，树在摇摆时是顺着风的方向，它们都懂得顺其自然的道理，所以它们是快乐的。让很多事顺其自然，你会发现你的内心会渐渐明朗，思想也会减轻许多负担！

关于顺其自然，有这样一个故事。

三伏天里，禅院的草地成片成片地枯黄了，了无生机，很难看。小和尚看不过去，就对师傅说："师傅，快撒点种子吧！"师傅挥挥手说："不急，等天凉了，随时！"中秋了，师傅买了一包草籽，叫小和尚去播种。

不料，一阵风起，虽然草籽撒下去不少，但被吹走的也不少。小和尚既着急、又苦恼地说："师傅，好多草籽都被风吹走了。"师傅回答："没关系，被风吹走的都是空的，即便撒下去也发不了芽。担什么心呢？随性！"

草籽撒上了，一群小鸟飞来了，在地上专挑饱满的草籽吃。小和尚急忙把小鸟们都赶走了，然后向师傅报告说："不好了，撒下的草籽都被小鸟吃了！"师傅慢悠悠地说道："没关系，种子多着呢，吃不完，随缘！"

　　半夜时又来了一阵狂风暴雨，把地上的草籽冲走了。小和尚急匆匆地叫醒师傅："师傅，不好了，草籽被雨水冲走了不少。"师傅只是翻了翻身，淡淡地说道："冲就冲吧，不用着急，草籽冲到哪儿就在那里发芽，随遇！"

　　过了几天，往日光秃秃的地上冒出了不少嫩草，连没有播种到的地方也有。小和尚高兴地直拍手："师傅，快来看啊，到处都是发芽的小草。"师傅却依然平静，回答："应该是这样吧，随喜！"

　　本故事中，该师傅讲的"随"，就是指顺其自然。顺其自然是一种顺应天命、随遇而安的人生态度，不抱怨、不躁进、不过度、不强求，悲哀和欢乐就不会占据我们的内心，这有利于我们放松紧绷的心弦，心平气和地看待万千变化。正是由于具备这种处世智慧，该师傅面对各种变化时会那么从容不迫、镇定自若。

　　可见，顺其自然并非消极的等待，更不是听从命运的摆布。它更多的是指凡事不必刻意强求，保持一种内心上的安定和淡然，心中保持清明，没有妄情、妄念、妄想，让心境平和淡然，顺天而行。一个人若能淡然笃定地掌控自己的内心，无疑会最大限度地发挥主观能动性，因势利导，取得成功。

　　有一位老主管在自己的岗位上工作了十多年，一天上级领导突然通知他，由于突发的经济危机，他被裁员了。对于他的家人来说，这样突然的裁员肯定是一个极大的打击，于是就四处求人，希望能够帮助他恢复原来的职位。不过，老主管却在自家的小菜园上种上了菜，过起了平民百姓的生活。

他的家人看到这个情形都心急如焚，劝告他说："你这是在干什么呀？工作都没有了，怎么还有心情做些这样的事情啊？"而他却丝毫不在乎地说："事情既然已经发生了，又何必强求改变呢？更何况这样的生活也没有什么不好啊？"

顺其自然不是放任自流，而是顺势而为，在某种程度上做到了顺势也就等于造了势。水从上而下、从高到低，顺应地势流淌，顺能通之道而游。水似乎没有自己的选择，它只能顺其自然。但这种生存方式，却使它拥有了一份平静之美，而且最终实现了归海的目的。水是如此，人亦如此。

生活不可能是一马平川，一生坦途的，我们只有对生活进行最大程度的认知才能活得快乐，而最好的对策就是"顺其自然"。多一点顺其自然之举，不以物喜，不以己悲，保持一种恬淡快乐的心情，保持一种淡泊名利，无拘无束，无挂无碍的上好心境，如此就是快乐的人生了！

药山禅师是一个很了不起的智者，他有两个徒弟，一位是云岩，另一位是道悟。

有一天，药山禅师带着云岩和道悟出远门，行到某处的时候，他见一棵树长得很茂盛，而另一棵树却只剩下枯黄的枝叶，便想借机示教。

于是，他便指着两棵树问道："在你们眼中，哪棵树更好？"

"当然是茂盛的那棵树好了"，云岩抢先作答："荣代表着欣欣向荣，是生命的象征。"

"枯的好"，道悟争辩道："枯，万物归天，一切皆空。"

药山禅师笑而不语，这时候，旁边走来一个小沙弥，于是药山禅师又问了问小沙弥，"这树是荣的好，还是枯的好？"只见小沙弥淡然一笑，回答道："荣的任他荣，枯的任他枯。"

好一个"荣的任他荣，枯的任他枯"，小沙弥心底的那份从容、淡定、显露无遗。无论外界怎样的喧嚣变幻，自己的内心都风平浪静、波澜不惊，这是一种绝佳的禅意姿态，也是心理学中的最高境界。

世人总是觉得生活沉重，但试问一下，有几人真正懂得顺其自然？逃避世间任何发生在自己身上的事，祈求某件痛苦的事不要发生，这只会令人活在恐惧和逃避中。所以，不如将喜与悲看作没有丝毫差别，对所有的缘分都欣然应受，主动面对和承受不幸之事，然后学会如何去驾驭命运，从容如流水。

当一个人能做到凡事不刻意强求，顺其自然地生活时，也就能够淡定自若地笑看潮起潮落，从容不迫地掌控生活。西方哲人蒙田就曾告诫我们："人生最艰难之学，莫过于懂得自自然然过好这一生。"凡事顺其自然、自然而然过好一生，对每个人来说，都是一个既简单又艰深的课题。

4

站在得失的两端，内心都是满足的

身在变化莫测的都市中，人生际遇跌宕起伏，利益得失交错前行。人心之所以有喜有怨、有爱有恨，纷乱复杂，起伏不定，甚至沉陷于各种情绪的泥淖不能自拔。是由于我们有分别心，太过执着于自己的得失，得之喜，失之忧，不能做到得失从缘，随遇而安。

"风来疏竹，风过而竹不留声；雁过寒潭，雁去而潭不留影。故君子事来而心始现，事去而心随空。"这是古人对随遇而安的解释，意思是说：万事万物到头来都是一场空，所以应当抱有随遇而安的态度，事情来了就尽心去做，事情过后心态要立刻恢复，保持自己的本然真性于不失。

一天，福州罗山道闲禅师去拜会石霜禅师。一番攀谈后，询问："我自认为我内心的灵知灵觉已经出现了，可为何我总被一大堆纷乱的念头束缚住呢？在这种起伏不定的时候，我该如何用心修禅？"

石霜禅师回答说："你最好是正视它，直接把各种念头抛弃掉。"

道闲对这个答案不太满意，便又去请教全豁禅师，问了同样的问题。

全豁禅师轻轻一笑，回答："该止的时候它自然会止，你随缘好了，管它们干什么！"

的确，人生际遇不是个人力量可以左右的，此时与其怨天尤人，徒增苦恼，不如面对现实，随遇而安，因势利导。有也好，无也罢，多也好，少也罢，光荣也好，侮辱也罢，都不要太在意。从已有的条件中尽自己的力量和智慧去发掘新的道路，这才是求得快乐安逸的最好办法。

　　不计较穷通得失、顺利有无，遇到什么事情都能接受。生活给了什么，就坦然承受什么，这就是得失随缘，随遇而安！随遇而安，能适应各种环境，在任何环境中都能满足，这就寻求到了一种生命的平衡。如能达到这种境界，生活就会更美好，生命就会更有质量，在生活中就能更加自在。

　　北宋大文学家苏东坡有一首诗，写他在西湖上与友人饮酒时遇雨："水光潋滟晴方好，山色空蒙雨亦奇。欲把西湖比西子，淡妆浓抹总相宜。"这对湖光山色的生动描写，不正是大师面对人间拂逆事镇定自若、坦然自适的人生态度的生动写照吗？

　　苏东坡的一生可谓仕途坎坷，他一再被政敌排挤，几次被贬谪，还差点走上断头台。34岁时，因与王安石意见不合，他被贬出京到杭州做通判。43岁任湖州知府时，以文字遭谤，被控入狱；获释后，45岁被贬谪黄州；54岁那年，因与朝中权贵意见相左，由原来调越州改调知杭州；59岁那年，远调岭南边地。然而，他一生达观，随遇而安，留下的诗文中很少悲观厌世之作，而且尽量追求人生的意义与生活的乐趣。

　　在"乌台诗案"遭贬后，全家人都为苏东坡担心而哭泣，可他却留下"乱石穿空，惊涛拍岸……一尊还酹江月"等诗句。其境界之宏大，气魄之雄伟，一腔赤心报、壮志难酬的感慨表现得酣畅淋漓；被贬黄州时，苏东坡失去薪俸，身陷"安步以当车，晚食以当肉"的窘境，他却能放下身段，带着一家老小十数口开荒播种，喂养家禽，实现了丰衣足食；晚年贬谪海南，苏东坡一再高歌："他年谁作舆地志，海南万里真吾乡""九死南荒吾不恨，兹游奇绝冠平生"……表现了对流放海南的不悔不怨之情。这样达观的态度是历代被流放海南的众多政客们无法相比的。此外，爱郊游、爱访友、爱谈禅论佛等爱好，苏东坡在海南一样也没丢。

虽然一生仕途坎坷，被流放于蛮荒之地，甚至被严刑拷打、几乎丧命，但是苏东坡依然自得其乐，微笑接受，随遇而安，始终保持着乐观开朗的心态。他留给我们的不仅是一篇篇气势磅礴、格调雄浑的千古名篇，更多的是他那心灵的喜悦，是他那思想的快乐，是万古不朽的豁达心怀。

人生没有永远的坦途，人生的际遇千差万别，有的生于有权势有地位的家庭，有的出生在普通老百姓家；有的走到哪儿都会伴随鲜花和掌声，有的无论身在何处都不受人待见。种种差别都是正常的，面对同样的境遇有的人愤愤不平，有的人却能随遇而安，让时光把人生的棱角磨平，让岁月把人生的羁绊冲散。

的确，随遇而安是一种智慧的生活态度，它可以使人保持一颗淡然的心，使人能够理性地去看待生活和工作中的得与失，起与落。谁能做到随遇而安，谁就有宁静的心灵，就能在各种逆境中"失之东隅，得之桑榆"。周围的环境不利于才能发挥的时候，我们不妨韬光养晦，养精蓄锐，等待合适的时机，便可一鸣惊人。

大卫和史密斯是大学同班同学，大学毕业后两人开始一起找工作。当时的就业形势非常紧张，连普通工作都十分难找，他们便降低了要求，到一家工厂去应聘。这家工厂正在招聘的岗位是清洁工，问他们愿不愿意干。大卫略加思索后决定留下来，史密斯对这份工作是十分不屑一顾的，但是因为找不到更好的工作，并且想到可以和大卫一起工作，他也决定留下来了。

"堂堂大学生居然干扫地的活"，史密斯想到这儿就工作时没有什么积极性了，上班时懒懒散散，每天打扫卫生时敷衍了事，不久就辞职不干了。与史密斯正好相反，大卫抛弃了大学生身份给自己带来的压力，完全把自己当作一名打扫卫生的清洁工，在自己的岗位上踏踏实实地工作，每天把办公室、车间都打扫得干干净净。

大卫勤勤恳恳、任劳任怨的表现给老板留下了很好的印象，半年后老板就安排他给一位高级技工当学徒。由于大卫有大学的知识基础，加上他的勤奋好学，一年后他就成为了一名技工。大卫在技工的岗位上仍然保持一贯的工作作风，就这样过了一年他又成为了老板的助理，而此时的史密斯却还在找寻着工作。

大卫之所以取得了成功，在于他懂得放下大学生的姿态随遇而安。无论是做清洁工、技工，还是做老板的助理，他都顺应境遇，不去强求，客观准确地衡量自己的能力，力争把当前岗位上的工作做好。当他抛弃不切实际的想法，尽全力去完成应该做的事情后，新的机会和新的岗位自然就向他走来。

生活中很多东西，靠人力是无法得到的，比如容貌、机遇、感情。一个真正智慧的人不会执着于其间的得失，而是懂得放平心态随遇而安，乐观面对，安于脚下的根基，把眼前的一切当作发展的动力。这是一种淡泊宁静的人生修养，这是我们积蓄知识财富的必备条件，它将帮我们攀上人生的顶峰！

总之，世上没有绝对的对与错、得与失。人生际遇往往不是个人力量可以左右的，不必过于计较，不必沉迷得失，淡然处之，随遇而安。逐步拓展心胸的宽度和广度，获得一份心灵的寂静和安然，就是最好的选择和态度。

5

生命的乐趣在于感受多姿多彩的过程

　　有一位成功的商人坐拥上千万美元，他拥有四部名牌汽车，一个多达三百多名员工的公司，他的家是一座华丽的别墅，他的妻子美丽贤惠，儿子乖巧懂事。可以说，这个商人已经拥有了一切，然而他似乎从没有轻松愉悦过，他是位紧张的生意人，并且把他职业上的紧张气氛从办公室里带回到了家里。

　　下班回到家里，他打开电视机，坐在沙发上休息，但是他的心情十分烦躁不安，于是他把电视关掉了，在房间里不停地走来走去。他的妻子准备好了丰盛的晚餐，他在餐桌前坐下，他的两只手就像两把铲子，不断把眼前的晚餐——"铲"进口中。晚餐后，妻子放上了一曲美妙的曲子，他拿起一份报纸，匆忙地翻了几页，急急瞄了瞄大字标题，然后把报纸丢到地上，拿起一根雪茄。他一口咬掉雪茄的头部，点燃后吸了两口，便把它放到烟灰缸里。最后，他大步走到客厅的衣架前，抓起他的帽子和外衣，便回公司工作了。

　　这位商人经常是了样子，弄得妻子和儿子也很不高兴。而他自己的内心更是备受折磨，一晚一晚地睡不好觉，整天唉声叹气，愁眉不展。

　　在这个日益繁杂的现代都市中，大多数人为了获得更高的工作岗位，为了挣到更多的钞票，如同这位商人一般生活节奏越来越快，穿梭往来于浮生之中，忽略了生活中的快乐点滴。结果呢？心灵被搓揉得疲惫不堪，情绪变得焦躁不安，生活陷入枯燥乏味，更别提享受生活的情趣了。

我们工作是为了满足生活之需，让自己更快乐，让生活更美好，但是活着绝不仅仅只是为了工作。认为拼力挣钱就可以换得舒适生活，把自己搞得整天就像上了发条似的，只知道一味地向前向前，连正常的生活都无法顾及，这简直是贬低了工作的价值，而且根本不是生活的真意。

唯一可以改变这种状态的办法便是保持心灵的平静，累了就让烦乱的心灵小憩一下，暂时将生活和工作的压力抛在脑后，静心来听一听来自生命的声音，听一听它真正需要的是什么！是需要金钱？是需要荣誉？还是需要幸福？细心体味生活的点滴，这就犹如用一根希望的绳子，把我们拉出了泥沼。

沙漠里有一支古老的游牧部落，长期以来，不断地迁徙，居无定所，但是多年以来他们有一个不变的神秘习俗：在赶路时，皆会竭尽所能地向前走，但每次行走两天后必定停下来休息一天！世世代代如此，从不例外。一位考古学家不解地问部落首领："为什么你们要这样做呢？"部落首领解释说："我们的脚步走得太快，而我们的灵魂走得太慢，走两天歇一天就是为了等我们的灵魂赶上来！"

美国作家约瑟夫·坎贝尔说："我们真正要探寻的不是生命的意义，而是活着的体验。"逃避不了城市的喧嚣，舍弃不下名利的诱惑，没有一个淡泊宁静的心灵，心灵当然无法解脱世俗牵绊。放下快节奏的脚步，让此刻的自己松懈下来，静坐而听，多几分从容，少几分纷扰，就是等待灵魂的开始。

从上述例子中可以得出结论：当你感到疲惫不堪时，不妨从生活的繁忙中抽身出来，静心聆听生命的花开，静静感受生命的存在，让灵魂追赶上来，身心合一地协调前进！渐渐地，你就会发现，内心的世界越来越平静，越来越无边，从而能够从容淡定地穿梭在世界中，也更容易感受生活的酸甜苦辣，体会人生的无限乐趣。

在亚利桑那沙漠过夏天，布莱克斯觉得自己会被热死的，因为那里炙热的高温都快把土豆烤熟了。一天，他在小镇的一个加油站给车加油时，和主人戴维森先生聊起这里可怕的夏天："这个该死的夏天，又将是炼狱般的生活！"

"为过夏天担忧，有那个必要吗？像迎接一个惊人的喜讯那样对待酷暑的来临吧，"戴维森先生说着，"千万不要错过夏天给我们的各种最美好的礼物……"

"该死的夏天能带来美好的礼物？"布莱克斯不解地问。

"难道你从不在清晨五六点起床？你想想，六月的黎明，整个天空都是玫瑰红的云彩，那是多么美妙的景观啊；七月的夜晚，一抬头就可以看到满天繁星，多么有意境啊；再想想，中午是常人无法承受的高温，这时候才能真正体会到游泳的乐趣！"

使布莱克斯惊奇的是，戴维森先生的话果然有效，他真的不再怕夏天了。当高温天气真的到来时，清晨，布莱克斯在晨露的凉爽中修剪玫瑰花；中午，他和孩子们舒舒服服地在家里睡觉；晚上，他们在院子里做冷饮，吃冰淇淋，真是痛快极了。整个夏天，他们还欣赏了沙漠日出和日落特有的壮观景象。

几十年之后，布莱克斯已是满头银发，但是他愉快的笑容仍然那么灿烂。他在拜访戴维森先生的时候，由衷地感慨道："我喜欢这里的夏天，而且我一点不担心变老，在这里光欣赏生活的美都欣赏不过来呢，我觉得活得有意思极了！"

看到了吧，生命是一个过程，当你静观人生的时候，美就会充斥你的生活。美是生活中的客观事物与你主观意识碰撞后迸发出的火花，是一种不带功利色彩的愉快感觉。它能使你的心灵得以净化，情感得以宣泄，精神得以满足。

用生命交织而成的声音，如同交响曲般拨动心弦，融入心境，响彻灵魂。或听春晨之鸟啼声清脆，生命在鸟儿的啼声中涌动如斯；或听夏夜虫鸣婉转流畅，感受生活的细而绵长；或听秋夜之雨淅淅沥沥，温柔地滴落在瓦片上，如同自然的琴键，感觉自己的心还依然跳动。生活，正在生命之音中诗意地栖居。

生命的乐趣绝不在于不断地奔跑，而在于感受多样多彩的过程。再怎样疲惫或忙碌，也要懂得停下匆忙的脚步，抛开一切给你造成压力的人或事。静心聆听生命的花开，等待自己的灵魂赶上来，身心合一地协调前进。这样，安心的感觉便会不期而至——如同踮起脚尖，触摸到阳光。

第2章
原谅生命中的不完美

缺憾，代表不完美，谁愿意拥有缺憾？但我们无法逃避，因为真正意义上的完美并不存在。我们所能做的就是平静地接受不完美的现实，不计较、不懊恼，怀着一颗包容的心看待一切。拥有这种轻松、满足的心态，我们才能生活得更好。

① 爱上不完美的自己

在生活中，你为什么过得不开心？甚至活得痛苦？不妨先检讨一下，你是否存在这样的想法："我的个子为什么不够高？""我的鼻子不够挺拔，眼睛也没有别人大。"……这种觉得自己这也不行那也不好的自卑想法，往往会将人推向"完美主义"的自虐，或暴躁地烦恼，或压抑地消沉。

为什么会出现这样的后果？这是因为你忽视了一个最基本的现实，

那就是"金无足赤，人无完人"。大千世界找不到一个完美无瑕的人，每个人身上都有缺点或是不足，我们永远不可能成为一个完美的人，苛求自己完美的愿望永远不会实现。追逐不会实现的愿望，结果只会是失望。

一个未婚的男人来到一家婚姻介绍所，进了大门后，迎面又见两扇小门，一扇写着美丽的，另一扇写着不太美丽的。男人推开"美丽的"门，迎面又是两扇门，一扇写着年轻的，另一扇写着不太年轻的。男人推开"年轻的"门，迎面又见到两扇门，一扇写着善良的，另一扇写着不太温柔的，他推开"善良的"门，这样一路走下去，男人又先后推开了七道门：温柔的、有钱的、忠诚的、勤劳的、好身材的、有文化的、幽默的。当他来到最后一道门时，门上写着一行字：您追求得过于完美了，请到天上去找吧。

读了这个故事后，不要以为它只是讲婚姻，其实它更是说明了一个道理：真正十全十美的人是找不到的，无论是他人，还是自己！

还看过一则权威性的材料，你也许会更加豁然开朗，心如洞明。

瑞士曾举办过一次"最完美的女性"研讨会，与会者们一致认为：最完美的女性应该有：意大利人的头发，埃及人的眼睛，希腊人的鼻子，美国人的牙齿，泰国人的颈项，澳大利亚人的胸脯，瑞士人的手，中国人的脚，奥地利人的声音，日本人的笑容，英国人的皮肤，法国人的曲线，西班牙人的步态……所有这些还是不够的，完美女性还应有德国女人的管家本领，美国女人的时髦装束，法国女人精湛的厨艺，中国女人醉心的温柔……然而，即使上帝重新造人，也不可能集这些优点于一人身上的，因此与会者达成的共同的结论是：真正完美的女人根本不存在。当然，男人也是一样。

　　为什么不喜欢自己？为什么讨厌自己？缺陷和不足人人都有，作为独立的个人，正是不完美使你区别于他人，使你显得不平庸。你就是你，你是独一无二的，你同样是上天创造的杰作，世界也因你的不完美而多了一点色彩。我们要像树叶一样，既然生长出来了，每天还是要和阳光打交道的，这样自己的生命才能有色彩，因为树叶知道，自己有自己的特点，是别的树叶无法拥有的。

　　不要求自己成为一个完美的人，但要努力爱上那个不完美的自己。爱不完美的自己，就是用自己特有的形象装点这个丰富多彩的世界。不知道你有没有发现，很多有魅力的人，也并不是很好看，也根本称不上完美，但是他们身上都有一种很引人注目的东西，那个就是自信的气质。

　　丑女贝蒂被人公认为世界上最丑的女人，满嘴龅牙，身材肥胖，打扮土气。在刚进入一家时尚杂志公司时，所有人都躲避她，所有人都嘲笑她，就连上司也讨厌她，每一次讨论工作总是命令她离自己一丈开外。但是她并没有因此自卑，而是每天都带着最灿烂的微笑，每天都满腔热情、快乐自信地工作着。

　　贝蒂告诉自己的同事："我是丑女，我没有精致完美的长相，没有又翘又浑圆的臀部。但是命运给了你无法改变的瑕疵，与其对其耿耿于怀，不如坦然接受，我觉得女人必须对自己感到满意，尤其是不完美的自己。"尽管不时受到同事的嘲弄和陷害，但贝蒂那坚强的性格和聪明的才智使她常常化险为夷，最终通过努力和自信让她不仅赢得了所有同事的喜爱，也成了上司以及千万男人的梦中情人。

由此可见，一个人身上有没有缺陷和不足并不重要，重要的是自己敢于接受并正确面对这个事实。学着接受自己的缺陷和不足，心平气和地接受自己。容许自己不完美，你就会更满意自己，更爱自己。爱自己的人才会更自信，更有力量和勇气，追求更有意义的东西，无疑这是一个良性循环。

难道那些伟人就那么十全十美、无可挑剔吗？绝非如此。任何人总有其优点和缺点两个方面，不完美会始终伴随我们每一个人。有些人之所以表现得优秀，在于他们看到了自己的缺点，实事求是地对待自己的缺点，并且拿出勇气，去革新和突破自己，努力将劣势转变为优势。

京剧大师梅兰芳少年时期被别人认为资质太差，天生不是唱戏的料儿。的确是这样，戏剧最能传神的就是眼睛，但梅兰芳偏偏是个近视眼，两目无神；好的戏曲演员要有"余音绕梁，三日不绝"的好嗓子，但梅兰芳的嗓子不响亮。更糟的是，他脑子反应慢，记东西慢，学东西也慢，这更是学戏的障碍。

不过，梅兰芳并没有放弃戏剧，他决定一一克服这些缺陷。为此，他天天练眼神，方法就是几个小时目不转睛地盯着一个物体，练得时间久了就泪流不止，非常难受；为了练嗓子，梅兰芳每天早上六点钟就起来吊嗓子；至于脑子反应迟钝，只有反复练、反复唱，梅兰芳给自己下了规定每一句非要练上30遍不可。

梅兰芳坚持不懈，一练就是十多年，终于弥补了先天的缺陷。他的眼神、台步、指法，一举一动，不仅姿势美观，而且与剧中人物的思想感情，浑圆周密，融于一体；他的唱腔，悦耳动听，清丽舒畅；许多唱念做打的繁难功夫，一经他来演绎就显得那么驾轻就熟，得心应手，一代京剧大师就这样诞生。

有缺点并不可怕，缺点越多越代表我们有更多需要完善的地方。欣赏自己的不完美，并将它转化成动力，不断完善自我，这才是最重要的。想来，正是缺点成就了梅兰芳的伟业，是先天的不足让他更加努力，如果没有这种刺激，他还能以超乎寻常的毅力改造自己吗？也许会，但效果或许有限。

奥黛丽·赫本，这位好莱坞的著名电影明星，她的身材并不完美。平胸，清瘦，手足细长，但是，她散发出来的气质让人觉得她就是一个完美女人。这是因为，赫本本人对于自己的外表没有太多苛刻，她说："每个人都有缺点和优点，将优点发扬光大，其余的就不必理会。"这一观点值得我们每一个人借鉴。

所以，不完美的一面也是生命的一部分，我们真没必要因为自己比别人个子矮而自卑，也没必要为自己身材不够美而气愤不已。正视自己的缺点，改变能改变的，完善能完善的，接受不能改变的，如此我们才不会被缺点拖累，而且能使自己越来越接近完美，进而获得安然自得的生活姿态。

② 不完满才是人生

生活中总有不完美之处，总有不如意之事。古今文人墨客们用自己的一腔愁绪、满心无奈将人生的缺憾化诸笔端。苏东坡有词云："人有悲欢离合，月有阴晴圆缺，此事古难全。"南宋方岳低吟："不如意事常八九，可与人言无二三。"

因为不想存留缺憾，许多人凡事都追求尽善尽美，而生活中的失落、痛苦和不幸正源于此。不可否认，追求完美本身无可厚非，这是一种浪漫的憧憬与希望，但是凡事都要适度，过于执着而耿耿于怀或不肯变通，眼中看到的多是不完美，那么就会一次次与机遇擦肩而过，与成功遥遥相望，最终落得两手空空。

我们来看一个小故事。

有位渔夫非常幸运地从海里捞到一颗晶莹剔透的大珍珠，他爱不释手，但美中不足的是珍珠上面有一个小小的黑点。渔夫想，如果能够把小黑点去掉，珍珠将完美无瑕，变成无价之宝。于是，他刮去了珍珠一部分表层，但斑点还在；他又狠心刮去一层，斑点依旧存在。于是他不断地刮下去。最后，黑点没有了，而珍珠也不复存在了。此人无比后悔地说，"我若不去计较那个小黑点，现在手里还攥着一粒硕大而美丽的珍珠啊！"

这个渔夫的无知是可悲的，他想把珍珠上的小黑点去掉，得到一颗完美无瑕的珍珠，但在他消除了所谓的瑕疵时，珍珠也不复存在了，美消失在他追求完美的过程中了。殊不知，有黑点的珍珠只是白璧微瑕，而且正是其不着痕迹、浑然天成的可贵之处。这种美，美得朴实，美得自然，美得真切。

玉，有瑕疵才是真的。我们可以尽最大的努力接近完美，但永远不可能达到完美。这种判断，在我们头脑中必须牢固确立。凡事切勿苛求，重在勤恳务实，你会发现自己更有信心，而且更有能力和创造力，如此也就很少感到失意。或者也可以这样说，学会接受不完美，则凡事都会变得完美。

一位得道的高僧，由于年老体衰将不久于人世，他打算从徒弟们中间找一个接班人，于是他对徒弟们说，"你们出去给我捡一片最完美的树叶，谁找到了谁就是我的传人。"到底什么树叶才是完美的呢？徒弟们领命而去，各自奔走。

这时候，一个弟子心想：每一片树叶各自不同，哪有最完美的树叶，于是他便在附近树林里随便捡了一片完整无损并且很干净的树叶带了回去。到天黑了，其他徒弟都累得气喘吁吁，也没能找到那片"最完美的树叶"，最终都空手而归。

最后，高僧把衣钵传给了那个捡回树叶的弟子，他告诉众人，"世界上哪有完美的叶子，世界上也没有绝对的完美，如果那么完美，哪还有喜怒哀乐，世态万千？接受不完美，才算真正领悟到了人间真谛啊！"

世上没有十全十美的事，生在繁杂都市更是如此，万事都不是一定圆满的。又何苦执迷于那不可求的圆满呢？放弃完美的追求，不必刻意去做任何事情，踏踏实实地尽己所能，就可以问心无愧了，只要认真、努力去做一件事情就可以享受到鲜花和掌声！由此可见，接受不完美，是生存的智慧，是成功的技巧。

世界顶尖高尔夫球手博比·琼斯是唯一一个赢得高尔夫"年度大满贯"（包括美国公开赛、美国业余赛、英国公开赛及英国业余赛）的人，他被称为是美国高尔夫史上最优秀的业余选手。在高尔夫球员生涯的早期，博比·琼斯总是力求每一次挥杆完美无缺。当他做不到时，他就会折断球杆、破口大骂，甚至愤慨地离开球场，这种脾气使得很多球员不愿意和他一起打球，而他的球技也没有得到多少提高。

通过这些教训，博比·琼斯渐渐了解到这样一个事实：一旦打坏了一杆，这一杆就算完了，但是你必须尽力去打好下一杆，而不该耿耿于怀。静下心来，调适心态后，才能真正开始赢球。对此，他这样解释说："我终于明白了，要对每一杆有合理的期望，力求表现率良好、稳定才能取胜，而不是寄望非常完美地挥杆来成就。"

通过博比·琼斯的成功事例，我们可以得出一个结论。完美主义者的思维轨道是：太高的目标→极易失败→心灰意冷→更高的目标→再次失败→自信再遭打击→更完美的要求。相反，接受不完美的思路及其实际效果是：较低较容易的目标→成功或完成→自信→更高的目标→更自信。

从某种意义上说，人们不正是因为不完美才有了追求和奋斗的目标吗？做人最大的乐趣是通过奋斗达到想要的目的，有句广告词颇有哲理，"人生没有最好，只有更好"。倘若一个人件件事情都追求完美，从某种意义上说是极其可怜的，因为他无法体会有所追求的幸福感受，这个人还有什么意思呢？

　　"我走过阳关大道，也走过独木小桥。路旁有深山大泽，也有平坡宜人；有杏花春雨，也有塞北秋风；有山重水复，也有柳暗花明；有迷途知返，也有绝处逢生。"这是季羡林多彩的人生，之所以多彩，是因为它的不完满。所以，季老在《不完满才是人生》中写道："每个人都争取一个完满的人生。然而，自古至今，海内海外，一个百分之百完满的人生是没有的。所以我说，不完满才是人生。"

　　事情不完美不是残缺，它是另一个方向上的成就，是另一种意义的收获。就如同一个残缺的木桶，虽然每次担水回家之后你都无法获得一整桶的水，但是一天、一月、一年，从残缺的木桶中滴落的泉水浇灌了路旁的花籽，也许某一天，你会收获路旁各色的小花，享受淡淡的花香，意外的美丽。

3

总有一些人，无法陪我们天长地久

爱情是心灵的寓所、是情感的归宿，是我们在心中编织的一个美丽的梦。这个梦是完美无缺的，但却往往因现实的撞击而充满遗憾。遗憾的是，你苦苦追求，却还是没有机缘；遗憾的是，你苦苦思念，却还是不能执手相牵；遗憾的是，你们明明相爱，却只能擦肩而过，渐行渐远。

面对情感上的遗憾，不少人会颇为伤痛、备感心碎，将"遗憾"两个字挂在嘴边，刻在心坎上，纠缠在遗憾里面，一遍一遍地问天问地，沦为红尘都市里的痴男怨女。结果呢？不仅折磨了自己的精神，辜负了美好的生活，还有可能阻断了追求真爱的路，错过一生真正的爱人，何必呢？

要知道，世上有很多事可以求，唯独缘分是难求的，所有无法走到一起的人，不是无缘或无分，就是有缘无分。感情是一份没有答案的问卷，苦苦追寻并不能让生活更幸福圆满。学着看淡一点，接受一些遗憾，宽恕一些遗憾，也许有一点失落，或一丝伤感，但它会让这份答卷更真诚，更永久。

弗朗西斯卡是美国艾奥瓦州一农夫之妻，她贤淑、善良，和丈夫及一对儿女在自己拥有的农场里过着单调而平静的日子。既没有特别令人揪心的事，也没有令人激动万分的事。这种状况一直延续到她遇到罗伯特·金凯为止。

罗伯特·金凯是个天才摄影家，一个夏日，他来到弗朗西斯卡所在的农庄附近，他想拍摄当地一座颇有历史的廊桥——罗斯曼桥。在偶然间，弗朗西斯卡成了罗伯特的领路人，当时正巧丈夫和儿女不在家，时间和空间为这对中年人提供了滋生爱情的条件。在短暂的四天时间里，弗朗西斯卡和罗伯特·金凯迅速坠入爱河当中。他们一起到廊桥去拍摄美丽的风景，他们一起吃着烛光晚宴，他们一起就着音乐翩然起舞……总之，他们忘记了一切，共沐爱河。

然而，罗伯特·金凯的工作性质注定他云游四海、漂泊四方，不可能像普通人那样过居有定所的生活；弗朗西斯卡也还有自己的丈夫和儿女，她不可能为了他抛弃这一切，最后罗伯特·金凯带着遗憾走了，然而双方自此留在了彼此的心中。年复一年的缠绵思念，刻骨铭心，凄婉绝伦……

这就是著名电影《廊桥遗梦》阐述的故事，不否认男女主人公是真心相爱的，但命运与缘分的捉弄使他们不能厮守终身，各奔东西，此后半生也要抱着深深的遗憾过活。也许世间最大的悲剧莫过于两个相恋的人不能牵手一生一世，但是正因为有了遗憾，那份情义才越发显得弥足珍贵，既浸入骨髓又超然永恒，感动了千千万万的观众。

试想，如果当初弗朗西斯卡选择抛夫弃子，放弃家庭的责任，随罗伯特·金凯私奔他乡，这个故事也就落入了普通得不能再普通的移情别恋的俗套，而且他们真的能够情比石坚、相伴一生吗？即使他们能白头偕老，那又何来浪漫且刻骨铭心的爱情经典？月缺令人感慨，花落令人心碎，不完美往往才是完美。

所以说，苦苦追求却没有机缘，苦苦思念却不能执手相牵，这种遗憾并不可怕，可怕的是不能放弃遗憾，终身为遗憾所累。智慧的人总会在遗憾的时候静下心来，平复和化解心中的遗憾之殇，细细地品味遗憾之美。如此深深的痛苦就不会光顾心房，而且悲壮之余会有更深刻的感悟，情感在心里会是圆圆满满的。

事实上，许多感情从开始到结束不管结果如何，只要有过那种让自己心灵为之震动的感觉，这本来就是一种富有，一个温暖的感情矿藏，一种生命中最厚重的拥有。"两情若是久长时，又岂在朝朝暮暮"，两人只要能彼此真诚相爱，即使终年天各一方，也比朝夕相伴高雅得多。

1920 年秋，在风景如画的伦敦康桥，徐志摩结识了林徽因，他们畅谈理想，纵论人生，在文学艺术的殿堂里徜徉交心。思想上的沟通、感情上的融合以及对诗情的理解使两颗年轻的心不断靠拢，徐志摩燃烧的眸子里写满了对林徽因的眷恋。面对徐志摩的主动追求，林徽因不是没有动心，她惊惶，喜爱，羞涩，愉悦。

但是阴差阳错，命运终是没有笑对徐志摩，林徽因后来跟建筑界的才子梁思成成婚了。因为徐志摩那时候还没有和妻子张幼仪离婚，林徽因那般高贵，自然不会将这段看似才子佳人的爱情故事演绎下去。不过，林徽因自此成为了徐志摩心中永远的完美女神，而林徽因对徐志摩则是比真正的爱情少一点点，比纯粹的友情又多一点点，两人互相关心和理解，尤其在文学上更是经常切磋。

"我将在茫茫人海中寻访我唯一之灵魂伴侣。得之，我幸；不得，我命。"这可以说是悲情诗人徐志摩为自己短暂的一生所写下的注脚。

徐志摩和林徽因只有灿烂的爱情而没有停泊的归宿。但这种无法真正言明的感情刻骨铭心，也正因为诗情和激情的幻变，才孕育出了热爱"爱和自由和美"的浪漫才子徐志摩。

"我将在茫茫人海中寻访我唯一之灵魂伴侣。得之，我幸；不得，我命。"诗人的爱情尽管有遗憾，是万丈红尘中的空望，是洗却铅华之后的暗伤，但也留下了片片人间真情，闪耀着日月的光芒。有过情感遗憾的人，必定是感觉到深切痛苦的人，这样的人付出过最真的心，也必定真实的活过。

是的，美丽的爱情有写不完的遗憾，不过爱情不会因遗憾而缺失本有的心灵温暖、灵魂悸动，它依然可以是一段美好的时光、一段温馨的记忆。接受遗憾的爱情吧，让它以一种别样的美丽开放在我们心里："一个是太阳，一个是月亮，太阳和月亮从不厮守，但谁不说它们天长地久？"

4
错过不等于失去与遗憾

生命中一些极美极珍贵的东西，常常与我们失之交臂，而这些错失往往会变成一把锋利的刀子，一刀一刀地在我们心上剜出血来。所以有人说：但凡世间的好事物中都暗藏了一些遗憾，错过是最深刻的痛苦，几多愁思，几多无奈。

但是，跋涉于漫长的生命之旅中，我们每一个人是否可以将一路的美景尽收眼底，不留一丝遗憾呢？不，不可能，甚至大多数的时候我们常常错过它们，毕竟我们的视野、时间和精力有限。如果不肯错过一些景色，为此殚精竭虑，费尽心机，那么很可能令身心疲惫不堪，错过前方更迷人的景色。

从前，有一位热爱旅行的人听说一个遥远的地方景色绝佳，于是他决定不惜一切代价也要找到那个地方，一览秀色。经历了数年的跋山涉水、千辛万苦后，他盘缠已经用光，身心已相当疲惫，但目的地依然不可及。

这时，有位智者给他指了一条岔路，告诉他美丽的地方很多很多，没有必要非要去那个地方不可。旅行者按智者的话去做了，不久他就看到了许多异常美丽的景色，他赞不绝口，流连忘返，庆幸自己没有一味地去找寻那个美丽的地方。

生活在变幻无常的现代都市中，我们每一人不可避免地都有很多的错过。比如，错过了绚烂的朝霞，错过了青春年少的创业资本，错过了使事业走向高峰的机会，错过了……虽然错过是一种令人伤感的遗憾，但是错过能使我们看清自己，认清方向，好让自己拓展生命宽度，成就人生高峰。

更何况，人生总是有得有失，有成有败，"失之东隅，收之桑榆"、"塞翁失马，焉知非福"，已经错过就错过了，也许得到它并不是最明智的选择，有时候错过会有意想不到的收获，遇见别样的美丽。西方也有一句谚语同样表达这样的情景：上帝在关上一扇窗户的同时，也打开了另一扇窗户。

美国著名的哈佛大学要在中国招一名德才兼备的学生，这名学生的所有费用将由美国政府全额提供。初试结束了，有30名学生成为候选人。考试结束后的第10天是面试的日子，30名学生及其家长聚集在一家饭店等待面试。

当主考官劳伦斯·金走进饭店大厅时，大家一下子围了上去，迫不及待地作起了自我介绍。一名学生由于起身晚了一步，没来得及围上去，等他想接近主考官时，主考官的周围已经被围得水泄不通了，根本没有插空而入的可能。"唉，真遗憾，我就这样错过了接近主考官的大好机会"，该学生懊恼起来。正在这时，他看见一个异国女士有些落寞地站在大厅一角，像是遇到了什么麻烦，于是他走过去彬彬有礼地问道："夫人，请问您有什么需要我帮助的吗？"接下来，两个人聊得非常投机。

　　出人意料的，这名学生居然被劳伦斯·金选中了。"在 30 名候选人中，我的成绩不是最好的，而且我错过了跟主考官直面交流的最佳机会，怎么会是我呢？"该学生自己都有些疑问，后来他才知道那位异国女士是劳伦斯·金的夫人。

　　错过并不等于失去，错过并不一定是遗憾，有时甚至可能是圆满。

　　还有这样一则故事，说是一位教授没有被心仪的大学成功聘用，于是他回到乡下开始了田园生活，种种菜，养养鸡鸭，享受着最自然的风光。错过了城市的亮丽多彩，错过了城市里有滋有味的生活，而去乡下体验农家的快乐，"采菊东篱下，悠然见南山"。这是何等的诗意，何等的自由，这何尝不是一种美丽和圆满呢？

　　的确，当你错过了进剧院的时间，但在剧院门口外，你遇到了多年不见的好友时，你还会叹息这次的"错过"吗？当你在雨天错过了一辆公交车，你也许会懊悔，但如果因此你买到了久访不得的诗集时，你还会怨恨这次的"错过"吗？"错过"编织了我们人生的经纬网，见证着我们多彩斑斓的存活。难道，不是吗？

　　昙花错过了与白天的相聚时光，选择在黑夜中释放它的光华，于是就有了黑夜里蓦然出现的一方娇艳；梅花错过了与春天的温馨约会后，选择在凛冽的寒风中开放，于是就有了在冰天雪地里一株灿然开放的梅花的孤高身影……懂得错过，是一种领悟，是一种选择，也是一种体会。错过需要勇气，也需要智慧。

　　因此，不要为错过而惋惜，不妨大气地接受这种遗憾，在沉沉的思索中把它理解成一种警戒、一种提醒。凭着对未来的希望和憧憬，昭示自己奋力前行，去寻找另一个目标，力挽狂澜，增加生命的深度。最后，你仍然可以说："虽然错过了太阳，但我毕竟抓住了月亮和群星。"

5

给生命一些"留白"

每个人都期望自己的人生充实圆满，不想留下一丝一毫的遗憾，渴望填满生命里的沟沟壑壑。因此，很多人习惯以"超人"自诩"我是超人，我要办许多事，我能办很多事情"，大包大揽身边之事，事必躬亲、亲力亲为。

可是，没有人是三头六臂无所不能的，即使再优秀的人，精力和体力也是有限的。什么事情都想干，什么事情都想干好，让自己背负太多，往往身心疲惫而沉重，以致什么事都干不好，遗憾更多。满则溢，盈则亏，这是自然的法则，无人能够超越。

关于诸葛亮，大家都不陌生。在辅佐刘备的二十多年里，足智多谋、临危不惧的诸葛亮献智献计，鞠躬尽瘁，成为蜀国的一把手。特别是在刘备去世后更是如此，他将行政与军事大权集于一身，事事插手，件件操心，日理万机。

结果，诸葛亮虽有面面俱到之心，却无分身乏术之术。曾经六出祁山伐魏都以失败告终，打了败仗，累垮了自己不说，最终"出师未捷身先死，长使英雄泪满襟"，只能带着遗憾离开人间，三国之中蜀汉最先灭亡。

"出师未捷身先死"，与诸葛亮苛求完美、事必躬亲不无关系。

在这里，不禁要问，你欣赏过南宋画家马远的《寒江独钓图》吗？画面上，除一舟，一翁，几笔淡墨之外，空空如也。然而，就是这片空白给人以无限遐想的空间，回味无穷的意境，那是一种无言的诉说江天辽阔、寒意袭人，诉说地老天荒、无奈悲凉……这就是国画的"留白"艺术。

而人生何尝不是一张更大的宣纸呢？别总把自己逼得太紧，给生命一些"留白"吧。因为除了精神和心灵领域，其余领域我们是无知的，即使说有知，我们也不可能把好事占尽，总得留出一大片领域让他人自由往来，各领风骚。再说明白一点就是，人要学会有所为有所不为。

有所为有所不为，从一定意义上说是一种遗憾，但并非不思进取，消极遁世，慵懒沮丧，裹足不前。从本质上讲，这要求我们权衡轻重、利害、得失，做出正确选择。"将军赶路，不追小兔"，将军奔赴战场，是为了参加一场重要战争，路上遇到一只小兔。为了得到小兔，结果丢掉一场战争，值不值？

人生要学会留白，圆满未必艺术。舍弃不重要或不宜做的事情，把自己最大的精力和智慧投入到最值得的地方上，如此成功便不再复杂，人生便不再纠结。有些人之所以活得幸福，活得安心，并不是因为他们足够完美，更多在于他们能够把握"有所为"和"有所不为"的界限，适当给生命"留白"。

国际著名的设计师安德鲁·伯利蒂奥就是因为放弃了"超人"的想法，学会了给生命"留白"的智慧，最终不仅取得了斐然的业绩，还过上了张弛有度、安然洒脱的日子。下面，让我们来看看他是如何做的。

安德鲁·伯利蒂奥曾经以为自己是个无所不能的"超人"。他除了每天进行设计和研究工作外，还负责公司制度制定、考勤等很多方面的事务，几乎公司的每一件工作他都要亲自参与。整天忙得晕头转向，作品的质量却常常不尽如人意，公司也没有取得令人骄傲的成绩，安德鲁对此很不解，便去请教一位教授。教授给他的答案是："你大可不必那样忙！关键在于分好工作内容的主次。"

听到这句话的一瞬间，安德鲁醒悟了。原来，一直以来他很大一部分时间都浪费在管理其他乱七八糟的事情上，而最重要的设计工作反而只能占用一小部分时间，由于时间紧凑，作品的质量自然就受到了很大影响。从此，安德鲁调整了时间分配，他洒脱地把那些无关紧要的细小工作交给助手去做，自己则把时间集中用在设计工作上。然后，把所有精力拿来思考如何实现与重要客户的交易，以及公司如何能够获得最大利益等。

当然，公司并没有因为安德鲁的"撒手不管"而乱成一团糟，或者颓废不前，相反，它焕发出了空前的活力，在设计界的地位越来越重要。而安德鲁也渐渐过得逍遥自在，工作业绩却斐然，他还写出了建筑界的"圣经"——《建筑学四书》。

学会有所为有所不为，通达和坚守一并而行，有取有舍，有进有退，这是一种成熟智慧的生活态度。在日常生活中，我们每天要做的事情的确很多。你不妨开一张清单，将要做的事情设定明确的优先顺序，知道优先做什么，重点在哪里，而可做可不做的事情则可暂时放一边，或者交由他人处理。

水墨"留白"，可得磅礴之气；心灵"留白"，叫人聪颖豁达。那么给生命留白，就是充实生命。给生命留白，有所为有所不为，生命就有了缓冲的余地，有了可收可放的活动空间，就可以从容地调整进退，就会滋生出无穷无尽的留恋和回味，天开地阔，山高路远。如此一来，也就赢得了安然淡定的人生！

6

承认自己的极限，没有人无所不能

任何人，无论做任何事情，都必定有他的极限，必定有他的承受能力，必定有他能达到的最高高度。可惜有些人不懂得这个道理，为了标榜成功不承认极限，时刻都想拓展自己的空间，展示自己的才华，做无能为力、力所不能及之事。

一天，森林中举办比"大"的比赛，一头老牛走上擂台，它的身躯庞大，动物们高呼："大。"大象登场表演，它只跺了跺脚，动物们就高呼："大。"这时，台下的一只青蛙不服气了，"哼，难道我不大吗？"它"嗖"地跳上擂台，拼命鼓起肚皮，高喊："我大吗？"台下传来一片嘲讽之声"不大"。青蛙不服气，继续鼓肚皮，结果"嘭"的一声，它的肚皮撑破了，一命呜呼。

这个故事告诉我们：明知不可为而强为之，这是愚蠢和贪婪的表现。

的确，生活在竞争激烈的现代都市中，我们要取得优势就该将自己的目标定得大些，高度定得高些。但是，追求的目标过大，锁定的高度过高，而自己又不具备相应的能力和实力。不可为而为之，超过了极限，只会得到英雄主义般的"悲壮"，只会在成功路上屡屡摔跤，落得人事两空。

美国教育家里维斯博士写过一个寓言故事《动物学校》，大意是为了应对自然界的种种挑战，动物们创办了一所超级技能学校，鼓励让所有动物精通奔跑、游泳、爬树和飞行等生存技能。为此，鸭子不得不学习跑步，兔子不得不练习游泳，松鼠不得不练习飞行……结果它们个个严重受伤，考试不及格。

看到鸭子学跑步、兔子学游泳、松鼠练飞翔……是不是很滑稽，但你可能就是其中一员。比如，你现在是一个技术型的员工，不懂管理，但你却一心想往行政职务上升迁，那么即使你再努力，进步也是非常缓慢的，很难得到公司的提拔。即使你真的有幸被提拔为了管理人员，你要腾出比管理人员多十倍或百倍的时间来学习和实践才能不被淘汰。

诚然，每个人都渴望创造一番伟大的成就，但是林肯说过一句话"自然界里的喷泉的高度不会超过它的源头"。了解和承认自己的能力和局限，做自己能做的事，量力而行，恰到好处，当行则行，该止则止，才能使有限的生命发出适度的光芒，从而为自己的心灵带来幸福和满足。

有一位登山运动员，他曾经有幸参加了攀登珠穆朗玛峰的活动。珠穆朗玛峰最高海拔为8844.43米，当爬到海拔6400米的高度时，他因为体力不支便停了下来，悠然下山了。事后，许多朋友都替他惋惜，说已经走了四分之三的路程了，如果他能咬紧牙关挺住，再坚持一下，再攀登那么一点点就上去了。

没想到这位运动员却不以为然，他轻轻一笑，十分平静地说："不，我自己最清楚，6400米的海拔高度是我登山生涯的最高点，如果我再攀登的话，可能就会丧命。我已经尽力了，所以对此我一点都不会感到遗憾。"

对于这位登山运动员来说，6400 米就是他的极限和最大的承受能力，他懂得保存自己的实力，淡然地做自己能做的事，悠然下山去。谁又能说，这不是真正的英雄呢？做自己能做的事，只要用尽全力，用尽所能，自己问心无愧，最后实现了什么目标、达到了什么高度，其实并不重要，也没有什么遗憾。

一个人应当做他能做的事，罗曼·罗兰在其著作《约翰·克利斯朵夫》中借用主人公之口说了一段精彩的话："如果不行，如果你是弱者，如果你不成功，你还是应该快乐。因为那表示，你不能再进一步，干嘛要抱更多的希望呢？干嘛为做不到的事悲伤呢？一个人应当做他能做的事……竭尽所能。"

做自己能做的事，怀揣标尺上路，让它既督促我们不懈地攀登，又提醒我们恰到好处戛然而止。这并不是放低要求，无所追求，虚度人生，这是一种理智的清醒，是一种务实的智慧，是一种人生的准确定位，一种可贵的脚踏实地，一种成功的必由之路。

在实际生活中，办企业可以获得成功，进行金融投资也可以获得成功，他们的成功来自于对自己实力的了解和把握；企业的人没有去炒股，或者投资房地产，那是因为他知道自己的能力范围是办企业，其他的领域就是他极限范围之外了；进行金融投资的人没有去办企业，那也是因为他们只做自己能做的事。

当你对某件事情力不从心，步履艰难，甚至备感失意的时候，请先静下心来检视自己，是否在做自己无能为力的事？如果答案是肯定的，如果你足够聪明，就应该学会选择；如果你足够勇敢，就应该学会舍弃，悠然下山，另辟蹊径。

第 3 章

把平凡的生活笑成一朵花

平平淡淡，悠悠闲闲，随意笑，随意嗔，无须别人深沉的仰视，静静地迎送每一天的朝霞与夕阳。谁说这是平凡？这是韵律悠长的生活，这是生生不息的生命。这所需要的仅是一点点耐心与坚持，只要亲自实践，你我都能让平凡的生命绽放出美丽的花朵，领略到常人难以体会的人生妙处。

1

凡人的爱情是锅碗瓢盆，无关风月

电视剧上唯美纯净、缠绵悱恻的爱情演绎，令人心生羡慕；古今中外名人中独一无二的浪漫恒久的恩爱夫妻，更令人无比仰慕。但在凡俗里，更多的是平凡人物的平常日子，爱情，在老百姓的生活中也是凡俗里的平淡生活，是柴米油盐的琐碎。

恋爱的人骨子里都是追求浪漫的，但这种浪漫情怀却很容易在柴米油盐的婚姻生活中消磨殆尽，最后只剩下平淡如水的日子。就连三毛都说，"爱情看起来很浪漫，很纯情，可最终现实是残酷的，因为它经不起柴米油盐的烹制。"

的确，生活不是电视剧，婚姻更不是偶像剧。不会每天都有那么多的惊喜，不会每天都有那么多的浪漫，它很平凡，它很平淡，但是很真实，很可靠，婚姻生活的真谛就在于琐碎的柴米油盐中，实实在在的生活才是最重要的，才是生活幸福的滋味。

她和他在电影院偶然相遇，一见钟情的他们很快结婚了。新婚生活是美好的，两人各自忙着自己的事业，回到家就是柴米油盐。可是渐渐地喜欢浪漫的她觉得日子太过平淡，对爱人没有了心跳的感觉，她甚至觉得他不是真的爱自己，所以提出了离婚。

男人深爱这个女子，他艰涩地问："为什么？难道你觉得我不够爱你吗？那你说，我哪里做得不好，我要怎么做，你才能改变主意？"

她说："我问你一个问题，如果你的答案我能接受，那我就选择留下。问题是假如我非常喜欢一朵花，但是它长在悬崖上，如果你去摘，一定会掉下去摔得粉身碎骨，你还会为了我去摘吗？"

他沉默了一会儿，然后说道："我想一下，我明天早上给你答案。"

第二天早上，她醒来时他已经出去了，桌上依然像往常一样放着一碗热腾腾的米粥，下面压着一张他留下的纸条，上面写着满满的字。看了第一行后，她的心一下子沉了下去，但……

亲爱的：

我确定我不会去摘那朵花，理由是：

在这里住了这么久，你出去还是经常找不到方向，然后就开始哭，所以我要留着眼睛帮你看路。

别人惹你生气时，你总是不说话，喜欢一个人生闷气，而我怕你气坏了身子，所以我要留着嘴巴逗你开心。

你每月的那几天都会疼痛难忍，而我要留着手给你暖肚子。

你出门总是忘记带钱包，买好了东西才发现没带钱，而我要留着脚跑去给你送钱，让你把喜欢的东西买回家。

因此，在确定你身边没有更爱你的人之前，我不想去摘那朵花……

亲爱的，如果你接受我的答案，就把房门打开吧！我正拿着你最喜欢吃的豆沙包在门外等着呢……

她打开了房门，扑在他怀里放声大哭，她不再需要那朵花了！

锅碗瓢盆所演绎的琐碎生活，总会将风花雪月尘封在时光的沙漏里。走在婚姻路上，也许他没有天天对你说"我爱你"，但他为你打上一把遮风避雨的伞，为你沏上一杯飘着香气的茶，为你盖上早已暖热的被，给你一个宽大而坚强的肩膀，给你一个释放委屈的拥抱……谁能说这不是另一种意义上的浪漫呢？

关于爱情，它的表现方式有很多种。有一种爱情像烈火般的燃烧，刹那间放射出的绚丽光芒，能将两颗心迅速融化；也有一种爱情像春天的小雨，悄无声息地滋润着对方的心灵。前者声势浩大却只能灿烂一时，后者平平淡淡却绵延不断。真爱不在于一瞬间的悸动，而在于两个人默默守候。

有这样一对中年夫妇，他们是朝九晚五的上班一族，而且工作地点离得很近。每天早上，先生都会骑着自行车送妻子上班。上车前，先生都会等妻子在车后座坐稳了才跨上车用力一蹬，而且不时地回头关照一下他的妻子，举手投足间透着对妻子的关爱。而妻子如公主一般幸福地坐在车后座上，双手轻轻搂着丈夫的腰，脸上也洋溢着满足。下班回到家，狭小的厨房里，妻子不停地忙碌着，饭锅里正冒着热气，厨房里氤氲着一层饭香的烟雾。而他也不闲着，浇花、收拾房间、扔垃圾等，两人有说有笑，消除了一天所有的疲劳，绵延出了无尽的满足与幸福。

妻子从小体弱多病，到了冬天手脚异常冰凉，先生就每天用自己的双手为妻子按摩搓脚，再用自己的体温为她保温；当先生说出自己想吃的东西时，妻子一定会记得，并且在下班后买给他；看到妻子因为腰上长出了"游泳圈"而烦恼不已，他从来都没嫌弃过她的身材走了样，主动说要陪她一起锻炼身体；先生在单位遇到了不顺心的事就心情不好，但妻子从未抱怨过，等先生的情绪稳定下来之后，再询问到底是怎么回事，帮他分析，一起想解决的办法……

几十年来，无数个朝朝暮暮，他们都是这么平静地生活着。岁月在他们脸上毫不留情地留下了皱纹，然而他们的心却依然年轻，仿佛还是热恋中的少男少女。虽然没有一束束的玫瑰花，虽然没有一起吃过烛光晚餐，虽然没有在朋友面前秀过恩爱……但他们的爱却是最朴实、最真切、最贴心的，有一种"执子之手，与子偕老"的安详。

其实，无论是怎样感人的爱情，激情过后终究要归于平淡，爱情终将以朴实却又温馨的生活作为延续，这是生活的常态。心无法总是在虚无的浪漫中飘荡，只有柴米油盐才能让心尘埃落定……只要用心体会，幸福会时刻围绕在我们身边。细水长流的爱情，像春风拂过，轻轻柔柔，一派和煦，让人沉醉入迷。

是的，我们不能拥有琼瑶小说里惊天动地的爱情，没有徐志摩林徽因惊鸿一瞥的爱情，但我们可以有平凡的生活、凡俗的爱情。在柴米油盐中精心呵护爱情，弹奏一曲属于自己的幸福乐章，就如一首歌中所唱："柴米油盐酱醋茶，一点一滴都是幸福在发芽……"是的，幸福在发芽、成长直至开花、结果。

2

生活中让你感到快乐的都是小事

人生说穿了只有几个字：生老病死是状态，喜怒哀乐是情绪，衣食住行是消费。人活着，体会的是一种感觉，品尝的是一种滋味。我们每个人都向往着快乐，那么什么是快乐呢？快乐是个很大很远的名词吗？

不是的，快乐存在于小事当中。快乐不是长生不老，不是大鱼大肉，不是权倾朝野，而是小事的堆积。生活中的一句话、一件小事、一个眼神、一句鼓励、一句安慰都是一种快乐的暗示，不过只有善于发现和体味的人才能感觉到。道理很简单，快乐不在于拥有多少，而是一种感受、一种心境。

玛雅虽然相貌不出众，才能不拔尖，是一个各个方面都普普通通的女人，但是她却是自己圈子里最有魅力的。不为别的，在生活中她总是微笑着，看起来活得很快乐，甚至经常在一个人做什么事的时候她会忽然笑起来。

"玛雅你笑什么呀？"同事问。

玛雅用手一指办公室的窗外，"你看那个树上挂着一个鸟窝，鸟窝上粘几片叶子，还有那个树枝，哈哈。"

同事们瞧了瞧，不以为然，玛雅就用手机拍下来，给大家看。果然照片上显示出一个笑脸"^_^"，那是由鸟窝、树叶和树枝组成的。这么别致的笑脸，每天挂在办公室窗外的树上，发现它的只有玛雅一个人，自然她就比其他人快乐得多。

有人会羡慕地说，你看谁谁每天多快乐，真让人羡慕。是他们真的幸运吗？事实上，他们或许有着更多的烦恼，只是他们善于从生活中一件微不足道的小事中发现快乐、咀嚼快乐，并品尝这些小小的快乐带给自己的满足。这就像棉花糖，一絮絮、一丝丝，慢慢品尝，就会有甜味，甜到心里。

遗憾的是，平时有些人忙于工作、应付压力，缺少了发现快乐的心情，致使生活失去了乐趣，平凡的生活变得平淡寡味。正如澳大利亚作家安德鲁·马修斯所说："每个人都希望自己是快乐的。可我们都太忙了，都把快乐这事给忘了。"

有一个小和尚过得很不快乐，于是他向禅师请教快乐之道。

禅师讲了庄周梦蝶的故事：有一天黄昏，庄周一个人来到城外的草地上，他仰天躺在草地上，闻着青草和泥土的芳香，尽情地享受着，不知不觉便睡着了。他做了个梦，在梦中他变成了一只蝴蝶，在花丛中快乐地飞舞。上有蓝天白云，下有绿色的田野，还有和煦的春风吹拂着柳枝，花儿争奇斗艳——他沉浸在这美妙的梦境中，完全忘了自己。突然间庄周醒了过来，虽然刚刚只是一个梦，不过庄周觉得快乐极了。

故事讲完后，禅师对小和尚说："一只小小的蝴蝶在梦里飞入了庄周的心，也能让他变得快乐起来，那么生活中还有什么事能让他担忧呢？快乐无处不在，许多点滴都值得我们细细品味、去咀嚼。"

小和尚听完禅师的话后，终于明白了快乐的道理。

常常我们被不快乐迷惑，忽略也遗忘了快乐的时候。庄周在梦中化为蝴蝶，从喧嚣的人生走向逍遥之境，看到自己"飞舞"的模样，惊觉自己的快乐，这是庄周的大幸。这正如禅师所说"快乐存在于平淡的生活之中，快乐无处不在，许许多多点点滴滴都值得我们细细去品味、去咀嚼。"

如果想做个永远快乐的人，就要学着细心一点，用心一点，在平凡生活中寻找快乐，感受那些小小的快乐，为一个小小的祝福而心存感激；为一份小小的友情真诚的感动；为一个小小的礼物欢呼不已；为一个小小的关心充满怀念……也就是这些小小的快乐，让我们的生活变得多彩，生命变得更可亲，更让人眷恋。

英国一家名叫"三桶白兰地"的机构，发起了一项针对3000名英国人的小调查。调查中，研究人员列出了50个不同的选项，让这3000名受访者勾选。其中，"在旧牛仔裤的口袋里发现10英镑"成为了最让英国人感到快乐的一件事。10英镑就可以换来快乐，这样让人感到幸福的小事其实还有很多很多。

不管富贵与贫穷，我们都需要懂得寻找人生的快乐。一点点积攒身边每件小事带来的快乐感，你会发现，忧愁和压抑感会自然从内心深处消失。你已经体味到了快乐的滋味，你也可以主动去寻找这种快乐的感觉，让自己平凡的生活发生奇妙的变化，让平凡的日子处处飘满快乐的花香。

列出能让你切实感觉到幸福的小事吧：

泡个热乎乎的澡

大冬天在被窝里看电影

烧拿手好菜给心爱的人吃

父母脸上的笑容

朋友们愉快的聚会

一个人旅行看到的美景

收拾得干干净净的书桌

享受清晨的微风

看一本好书

听一首小夜曲

独酌一杯小酒

……

③

养出平凡者独有的风韵

在遥远偏僻的小山谷里百花烂漫，有牡丹、玫瑰，还有丁香等。人们从来不知道，这里还有一株小小的百合，没有人欣赏它、赏识它。百合花暗暗鼓励自己，"我要开花，是为了完成一株花的庄严使命；我要开花，是由于喜欢以花来证明自己的存在"。就这样，百合绽放出了洁白无瑕的花朵，一朵一朵……

在荒凉的山谷里，百合没有骄傲的姿态，却总是默默地给群山穿上春天的花衣；她没有美艳的身姿，却深情地热爱着她生长的大地；她没有顽强的生命力，但懂得在有限的生命里展现自己无限的美。为了使大山变得美丽，为了使人间闻到花香，为了使山河更加壮丽，她辛勤、努力地开放着，成为了一道靓丽的风景线。

身在繁华都市，谁不想飙发凌厉、叱咤风云？谁不想挥洒自如、轰轰烈烈？然青史留名者有几？辉煌的成功只属于少数幸运儿，绝大多数人只能默默无闻，过着平淡似水的平凡生活。既然如此，何不像百合花一样安于平凡，享受悄然开放时的美丽？何不丢下那份功名心悠然地享受平凡的恬淡，看花开花落云卷云舒？

辉煌者自有辉煌者的成就，平凡者自有平凡者的风韵。

因为平凡，你可以不计较世俗的名利和纷争，远离尘世的喧嚣和是非，你可以在春日的暖阳中睡个天昏地暗，可以在冬日的余晖里抱一本好书读个如醉如痴；因为平凡，你可以细品人生的酸甜苦辣，可以慢吞人生的悲欢离合。如果说超越平凡是人生的一种极致的话，那么享受平凡无疑是人生的一种境界。

的确，生命是一个过程，而生活是一叶小舟。当我们驾着生活的小舟在生命这条河中缓缓漂流时，我们的生命乐趣，既来自对伟岸高山的深深敬仰，也来自于对草地低谷的切切怜爱；既来自于与惊涛骇浪的奋勇搏击，也来自于对细波微澜的默默深思。无论轰轰烈烈，还是平平凡凡，都一样能展现人生的价值和精彩。

有一位学富五车、饱经沧桑的哲学家这样说："年少的时候，总觉得人生应该像大海一样波澜壮阔，才不枉走一生。但是经过几十年的风风雨雨之后，才恍然大悟：人生中精彩的事情占5%，痛苦的事也占5%，剩余的90%则全部都是平凡。平凡是生活的本质，在淡淡中享受生命才是最真实的姿态。"

平凡是生活的本质，是做人的常态，但是平凡绝不是平庸。平凡是一种真实和从容；更是一种雍容和品位。我们可以功不成、名不就，可以无过人之才，也可以无惊世之举，但我们可以在平凡中实现自己的价值，在平凡中张扬理想的风帆，在平凡中创造生命的辉煌，实实在在做人，脚踏实地做事……

有一位教授曾讲起过他的经历："通过多年的教学实践，我发觉一个奇怪的现象：有许多在校时资质平平的学生，他们的成绩大多在中等或中等偏下，没有特殊的天分，有的只是安分守己和诚实的性格，不爱出风头，默默地奉献。他们平凡无奇，但毕业几年甚至十几年后，他们却带着成功的事业来看老师，而那些原来看似上等学生有美好前程的孩子，却一事无成，这是怎么回事？"

老教授很是纳闷，常常暗自思索，最后他终于得出一个结论：成功与在校成绩并没有什么必然联系，而是和踏实的性格密切相关。平凡的人比较务实，比较能自律，比别人更努力，所以更多的机会就落在这种人身上。平凡的人如果加上勤能补拙的特质，成功之门必会向他大方地敞开。

由此，我们可以发现一个生活道理：于平凡中能产生无数奇人奇事，在普通处可孕育无穷大德大能。如果你觉得自己没有特别杰出的能力，那就尽可能地试着做一个平凡的人物，学会品味平凡，真诚地享受平凡，并做到持之以恒。这样的生活再平凡也是真切而充实的，而且你就是成功而了不起的。

融入银河，就安谧地和明月为伴照亮长空；没入草莽，就微笑着同清风一起染绿大地。做平凡人，持平凡心，干平凡事，享受平凡生活，是人生的一种快乐，也是人生的一种境界。在平凡中用心品味，平凡中的一草一木，平凡中的一人一事，总能让我们震撼并感动着，平凡的生活本身就是一个"大师"。

徐先生是一名艺术工作者，集戏剧、音乐、绘画创作这些才华于一身。很多人以为从事艺术工作的人通常都活得很绚烂，生活多彩多姿。然而十几年来，徐先生却同家人隐居山林，过着最简单、最朴素的生活。在他眼里，平凡孕育着一切，包容着一切，一切都蕴含在平凡之中，他创作的灵感都来源于平凡的生活。

譬如，他每天起床后第一件事就是要查看水源。他沿着水流一路寻去，一直寻到尽头才发现，原来水源处只有一点点极其细微的水，完全不是一般人想象的水流湍急的景象。他反思："任何一条大江、大河，都是汇集四面八方而来的水流，一点一滴才形成的。创作不也是如此吗？"清晨他与家人相伴相携着闲庭信步在林间，晚上则邀朋携友的听风赏月，此时的心海是温润的，此时的心情是愉悦的，灵感自然就来了。

平凡像山野之侧的一泓清泉，人来人往，无人在意，只有渴了累了用它解渴洗脸时，你才会发现它的清冽和甘甜；平凡的日子，就像把一小撮龙井投入一口煮满开水的大锅，虽然味道平淡，却使人心游万仞，神驰八极……

越过了一座座山，蹚过了一条条河，在经历了人生旅途不停地跋涉之后，我们依旧平凡，平凡得如同野外不为人知的百合花。但我们也要在平凡中享受平凡，扎实于脚下的这片土壤，默默绽放自己的美丽，寻找人生的另一种精彩。

4

生活的本味是简单

"人"字一撇一捺够简单的了，人又却是最聪明又最复杂的动物，偏偏习惯把简单之事复杂化，把微小之事放大化，如此生活就会变得冗繁复杂、沉重忙乱。时下，不少都市人士常抱怨工作累、生活累、活得累。单纯的工作累或者生活累其实只不过是一个说辞，心累，这才是实质。

不知道从什么时候开始，我们的周围开始时时充斥着金钱、功名、利益的角逐，处处都充斥着许多新奇和时髦的事物……人人都在追求高品质的生活，人人都想得到自己想要的东西，追求的目标越来越多，奔跑的速度越来越快，整天忙碌着，奋斗着，"心"怎么会不累呢？"累"是一种必然。

一个年轻人觉得生活很沉重，便问智者：生活为何如此沉重？智者听罢，就随即给他一个篓子，让他背在肩上并指着前面一条沙砾路说："你每走一步就捡一块石头将之放进去，最后体会到会有什么感觉。"

年轻人就背上篓子，一路不停地捡石头，走到路头，他就回过头来对智者说："越来越沉重了！"

智者说："这也就是你为什么感觉生活越来越沉重的原因。每个人来到这个世界上时，都会背着一个空篓子，然而我们每走一步都要从这个世界上捡一样东西放进去，所有才有了越来越累的感觉。"

年轻人放下篓子，顿觉轻松愉悦。

与其抱怨世界复杂，不如心拥简单，把世界上一切复杂的纷扰都化"繁"为"简"，没有占有和控制人、物的负担，没有攫取金钱、财富、名利等的欲望。就像一个长途跋涉者，甩掉一个又一个沉重的包袱，你的心自然会淡泊豁达，生命的路途上是何等轻松快乐啊！沿途的大自然景色是何等的美丽啊！

由此可见，简单是一种境界，是人生心境上的一种历练、豁达；简单是一种完美的生活态度，是经历人生冗杂后凝就的精华。简单，是平息外部无休止的喧嚣，回归内在自我的唯一途径，更是一种至纯至美的人生境界。

玛丽是做广播节目的，年轻的时候比较贪心，什么都追求最好的，拼命地想抓住每一个机会。有一段时间，她手上同时要主持十三个广播节目，每天忙得昏天暗地。事业越做越大，玛丽的压力也越来越大。到了后来，玛丽发觉拥有更多、更大不是乐趣，反而是一种沉重的负担。她的内心始终被一种强烈的不安全感笼罩着。

一天，玛丽意识到自己再也忍受不这种生活了，用这么多乱七八糟的事情来将自己清醒的每一分钟都塞得满满的，简直就是对自己的一种折磨。也就是在这个时候，她终于作出了一个决定：要开始摒弃那些无谓的忙碌，让生活变得简单一点，只有这样才能活出自我来。为此，她着手开始列出一个清单，她把需要从她的工作中删除的事情都排列出来，然后采取了一系列"大胆的"行动。取消了一大部分不是必要的电话预约，打电话给一些朋友取消了每周两次为了拓展人际关系的聚会等等。

就这样，通过改变自己的日常生活与工作习惯，通过去除烦躁与复杂，玛丽感觉到自己不再那么忙碌了。她有了更多的时间陪家人，有了更多的思考时间，因为睡眠时间充足，心态变轻松了，她的工作效率得到了很大的提高，身心状况也变得好了很多，她每天都会有快乐和愉悦的心情，乏味的平淡生活得到了点缀。

确实，生活原本是简单的，当一个人在生活上的需要简化到最低限度时，就会少些患得患失，多些从容淡定，心神更加安详。因此，也就能够全身心投入到生活中，体验生命的激情和至高境界，获得极为丰富精彩的人生。这正如一位哲人所言："生命如果以一种简单的方式来经历，连上帝都会嫉妒。"

清人刘大櫆在《论文偶记》写道："凡文笔老则简，意真则简，辞切则简，理当则简，味淡则简，气蕴则简，品贵则简，神远而含藏不尽则简，故简为文章尽境。"做美文须如此，做人也一样。一份淡定、一份澄明、一份雅致，在简单中顺畅，在简单中成就，在简单中自得，这种简单很可敬，此种心境甚是可贵。

美国人亨利·戴维·梭罗是一名作家，他一个人在瓦尔登湖畔建造了一栋木屋，他亲自耕种，靠这些植物来果腹，靠打工的钱添置生活必需品。他住的木屋面积不大，穿着半新不旧的衣服，吃田间的马齿苋、玉米饼面包之类能维持人日常活动能量的食物。当然这也并不是说他没有能力为自己买一座大房子以及新衣服等，这只是他选择的生活方式。

后来，由于梭罗在文学艺术上做出了巨大贡献，有关部门给他免费提供了一所住宅，并决定聘用他为文化部的干部。但是他拒绝了，他说："如果我接受那些外在的房子、物质等，不仅要为之耗费精力，还很有可能受到诱惑，杂念和烦恼自然也就会束缚我的内心，同时也束缚了我的生活。奢侈与舒适的生活，实际上妨碍了人类的进步。"

从1845年7月到1847年9月，梭罗独自生活在瓦尔登湖边，差不多正好两年零两个月。瓦尔登湖不仅为梭罗提供了一个栖身之所，也为他提供了一种独特的精神氛围，之后他推出了自己的作品《瓦尔登湖》，文学界评价说这是一本"超凡入圣"的书。

"奢侈与舒适的生活，实际上妨碍了人类的进步。"梭罗的话道出了伟大的"秘诀"！阅读《瓦尔登湖》是一个让紧张得以释放，心灵趋于宁静的过程。瓦尔登湖，梭罗的湖，澄澈见底，不染纤尘，是心灵的湖泊。我们应该向梭罗那样化"繁"为"简"，去寻找一个能让自己获得平静、自在、坦然、简单的湖泊。

"菩提本无树，明镜亦非台。本来无一物。何处惹尘埃。"将生活化"繁"为"简"，用纯粹的心品味生活，不必挖空心思依附权势，不必贪图名利富贵，更无须去计较那些不必要的复杂。简简单单地存在，势必能够在繁乱都市中收获一颗若莲素心，终究体会到自身生命的精彩，感受到生活的意义。

5

诗意栖居：在精致中得道

如果用一个词语来形容一下目前的生活状态，你会想到什么词语呢？忙碌、悠闲？充实、无聊？紧张、平淡……相信很多人不会用到"精致"这个词语。什么是精致？精致是情致、情趣、美好、优雅的意思，强调的是一种生活质量。

每个人的生活都不一样，犹如瓷器，有的裹着华丽的外衣，有的素雅而毫不起眼。选瓷器就如同过日子，挑挑拣拣的，把最喜欢的带回了家，可还得小心翼翼呵护着。瓷器很精致，我们的生活也要像呵护瓷器般精致。

生活可以简陋，但却不可以粗糙。

甲来自黄土高原的一个小乡村，他的生活是常人无法想象的困窘。但是他那削瘦美丽的母亲经常说的一句话是：生活可以简陋但却不可以粗糙。她给儿子做白衬衫白边儿鞋，让穿着粗布衣服的甲在艰苦中明白什么是整洁与有序，并且学会了这一习性。他相貌端庄，衣服整洁，洗得发白的床单总是铺得整整齐齐。

乙是甲的一位朋友，是富裕家庭里的"宝贝"，他的衣服装满了衣柜，可是没有一件平整干净。他总是把衣服随随便便地一扔，想穿了就皱皱巴巴地套上，他的床上，横七竖八一片凌乱。他头发总是在早晨起来变得"张牙舞爪"，怎么梳都不顺。他最习惯说的一句话是："一切都乱了套，这日子没法过了。"

乙总也弄不明白，甲每一天的日子怎么都过得有滋有味。

甲虽然家境贫寒，生活平凡，但他的整洁与有序使他的生活变得美了起来。看到了吧，生活虽然有时很简陋，我们只是毫不起眼的凡人，但是只要有心，就一定可以寻找到安抚自己的精致，让平常的生活开出精致的炫花。

精致，是对美最好的注解，能使平凡生活不再平凡。精致，是一种博雅的情怀和品位，是靠环境的熏陶、严格的家教、学问的滋养等养成的，是无形的、内在的、自然的，很难用语言描绘和界定，不过它却可以孕育于中而行于外。

精致首先是一种自爱，无论在何种场合，你的着装、打扮都必须讲究整洁，给他人以美的享受。法国巴黎著名的形象设计师萨克拉斯说："我们看到一个人，最初的印象是从他的体貌服饰上获得，而对人物内在的素质美，要用时间来检验。"由此可见，形象是每个人向世界展示自我的窗口，所以请精心打扮自己，每天都应以美好的形象出现。

精致，更多体现在细节方面。试想，你走进一间房屋，看到地板被擦拭得一尘不染，明镜的玻璃从床边一直延伸到了门口，墙壁上挂着一串淡紫色的鲜花，桌上还有序地摆放着各种精美的小饰品……这一切景象是不是会流露出一种恰到好处的美丽，令人心旷神怡？这正是精致的魅力所在。

日本人认为生活不应是粗糙的，他们随时随处对细节保持高度的重视。一个纸尿裤，未用时平常无奇，一旦尿湿，彩虹图案赫然出现，提示父母该替宝宝换纸尿裤了；一只杯子，握在手掌里，手弯曲成什么样的弧度才最舒适；一双筷子，包装纸上印什么字、用什么字体方能凸显食物的气质；一处房子用多少盏灯、挂在哪里是最恰当的……这种平实外表下精致的细节理念，打造出了相对高质量的生活，值得我们思考。

精致是一种慢节奏的慵懒，匆忙之人享受不了精致。这里的"慵懒"一词并不表示自由散漫，而是不被生活威逼去过快节奏的生活，这是一种闲适无忧的生活状态。用很长的时间画一个完美的妆，或者给自己或爱人慢慢熬制一份汤；在阳光下细品着下午茶，说着无关紧要的闲话；偶然的空闲，窝成猫儿的形状，躺在沙发或者床上偷得浮生半日闲……极致的慵懒，就是一种惬意、一种精致。

打造精致生活，从点滴做起。就是这么一点改变，你的生活就会不同。但建立和保持一种精致的生活却是不易的，这需要不断改进自己的生活习惯，提高自己的觉悟和鉴赏能力，同时不断丰富内心生活，提升自己的品位。

也许，有时候你的生活已经被很多无法推脱的事情填满。但是只要你保持一颗精致的心，拥有爱生活的心情，创造美好，拥有美好，维护美好，那么即便在荒凉的生活中，仍然能留存许多暖意，温暖自己，也温暖他人。

小镇上有一个摆地摊的女人，男人在工地上做杂工，爱喝酒、一喝酒就爱耍酒疯，她还有一个瘫痪在床的婆婆。照理说这样的女人应该是很落魄的，可她活得从容而优雅。女人头发很长，却总是梳理得纹丝不乱，一袭紫色长裙虽然只是廉价的衣料，却显得款款有致。她优雅地守着地摊，温文婉约，笑意盈盈。这样的明艳让人没有办法拒绝，人们有事没事都爱到她的摊子前去转转，临了买一件两件小商品带走。

几年后，女人用积蓄居然买下了一辆小汽车。她把男人送去考了驾照，做了出租车司机。她则随车子来回跑，热情地招揽顾客。湖蓝色的坐垫，淡紫色的窗帘，车和她的人一样优雅，自然吸引了不少坐车的顾客。日子渐渐红火起来，不料丈夫意外出了车祸，搭上一辆车，还欠了几十万的债务，她的腿也受了重伤，住了院。

人们都以为，她这下子是爬不起来了。可是半年后，她又在街头摆上了地摊儿，她照例盘发，穿紫色长裙，腿部虽落下小残疾但也不妨碍脸上的笑容，她的丈夫此时也戒了酒还经常过来帮她打理生意。过了几年，女人又攒够了一笔钱买了两辆车，一辆自己跑出租，一辆让丈夫跑长途，小日子过得红红火火。

这个穿紫色长裙的女人可以说生活在社会下层，每日为了生计而奔波劳累。但是她不抱怨、不咒骂这简陋的生活，也没有磨灭内心对美的渴望，好像自己是最优雅的女子一般，她的生活快乐而平和，这正是一种精致的存在。

原来，生活每天都可以精致，再平凡的生活也能精致。

6

愿以一切所有，换取一刻时光

　　什么样的生活才是幸福的？相信很多都市人士都存有这样的疑问，也一直在寻求问题的答案，但是这个问题是没有标准答案的。因为幸福是一种心理感受，而每个人的感受又是不一样的，如有的人认为高官厚禄是幸福，有的人认为功成名就是幸福，有的人则认为家庭和睦是幸福……

　　不过，下面这个故事所给出的幸福含义则值得我们所有人思考。

　　依萨出生于纽约贫民窟的一个黑人贫穷家庭，他从小便感受到了生活的艰难。缺吃少穿的生活、种族的歧视、同学们的取笑，常常让他伤心不已，他觉得自己是世界上最不幸的人，也几乎痛恨周围所有的人，他决心要出人头地，过上幸福的生活。

　　凭借勤奋的学习，依萨如愿考上了一所著名大学，但幸福的感觉很快离他而去，因为昂贵的学费还等着他。大学时期依萨一边学习，一边打工，熬到了毕业，并在一家大公司找了一份不错的工作，但他还是不幸福，因为他不但要受上司的气，还要受同事的排挤，他觉得只有拥有自己的公司才能过上幸福生活。依萨拿出自己几年的积蓄注册了一家销售公司，经过几年的努力他的小公司变成了大公司，他拥有了曾经梦寐以求的豪华别墅、高档轿车、巨额银行存款和美丽贤惠的妻子。但是幸福却没有随之降临，因为他的下属不但偷懒、工作效率低还总要求加工资；他的竞争对手心狠手辣，整天想着要挤垮他的公司。

由于心情不好，依萨开车时老走神，最终导致了车祸——他的高级轿车钻进了大货车底下。轿车报废了，所幸依萨只是受了点皮肉伤，没有生命危险。事后，一想到那惊心动魄的一幕，依萨依旧吓得浑身发抖，他突然明白，活着是多么美好啊！一个人只要拥有了生命，就是最大的幸福，没必要再奢求任何事情。

人的一生总会经历很多事情，也许我们生活并不富裕，也许我们没有成功的事业，也许很多不幸的事情发生在我们身上，于是有很多人抱怨自己不幸福。但细想一下，那些跟生死比起来根本不算什么，还有什么能比活着更幸福呢？

在这生与死并存的世间，生命对于每个人来说只有一次，而且时间很短暂。人最大的财富和最珍贵的应该是"生命"，就像电影《怪物史莱克》中演的那样，如果把一个人出生的那天抹去，恐怕就不会存在"金钱"、"权利"、"感情"这样或那样的种种纠结，没有存在过，也谈不上发生过，又何来幸福？

有这样一个故事。

有一位年轻人老是埋怨自己贫穷，不够幸福，他终日愁眉不展。

"穷？你很富有嘛！"一位智者由衷地说。

"这从何说起？"年轻人问。

智者反问道：问："假如现在斩掉你一个手指头，给你1千元，你干不干？"

"不干。"年轻人回答。

"假如斩掉你一只手，给你1万元，你干不干？""不干。"

"假如使你双眼都瞎掉，给你10万元，你干不干？""不干。"

"假如让你马上死掉，给你1000万元，你干不干？""肯定不干。"

智者笑笑说："小伙子，你已经拥有这么多财富，为什么还哀叹自己贫穷呢？"

年轻人愕然无言，突然什么都明白了。

看到这里，你是不是也会恍然大悟，感慨一句："哇，原来我是这么富有！"

"愿以我一切所有，换取一刻时间"。伊丽莎白女王临终前的遗言，仿佛是一句警告，生命是最宝贵的拥有，活着是对生命价值与意义的最好诠释！只要生命还在，就有希望和梦想；只要生命还在，就有幸福和快乐。活着，我们可以看花开花落云卷云舒，可以听潮起潮落莺啼燕语；活着，我们可以感受阳光的温暖，可以体会秋风的萧瑟……

既然如此，能够完好无损地活着就已经是极大的恩宠，又何必不断埋怨、纠结于生活中的种种不如意呢，这一切的一切都仅仅是生活中小小的插曲而已。抓住生活中的每一瞬间，阅尽人生百态，品尝世间五味，痛苦的滋味便淡了，幸福便在生命中得以显现。

第二次世界大战时，有一名士兵在一次战役中被炮弹击中，腿部流了很多血，他和一些同样在战场上受伤的士兵被送到了医院。在医院里，伤员们的脸上写满了颓废和恐惧，他们每天都处在忧虑和痛苦中。

经过医院的紧急抢救，这名士兵脱离了危险，并最终苏醒了过来。

只不过，他的左腿被截肢了，而且永远也不再在长出一条左腿了。截肢后的疼痛时常折磨着他，而且他要承受自己已经是残疾人的精神压力，但他看起来一点也不悲伤，脸上反而洋溢着幸福的气息。

对此，其他士兵很不解。

这名士兵解释道："我失去了一条腿，不能再在战场上奋勇杀敌，而且下半辈子要拄着拐杖或者坐着轮椅生活，这是令人痛苦的事情。不过，我还活着啊，这对我来说就是最大的幸福！我还可以吃饭，还可以喝水，还可以看到高远的天空和人间景象，还可以和别人握手，感觉到人体的温暖和无声的爱……"

"我还活着，这对我来说就是最大的幸福"，多么好的一句话啊！"活着"原本是一件非常简单而又顺风顺水的事情。但当灾难来临的那一刻，"活着"就变成了一件非常困难甚至是天方夜谭的奢望，人们才真切地感受到活着有多好！

当面临生活中繁杂的纠葛、痛苦、伤害、迷茫等问题时，如果我们能够多和自己说"幸好我活着"，相信就会对生命有一个全新的概念。发现那些事情其实微不足道，不值得操心，进而满怀对生命的感激之情，将生活过得安然、幸福而有意义。

第二辑

有生之年，做一个幸福的人

　　生命的最高境界是什么？那应该是做一个幸福的人。幸福是什么？怎样才能幸福？其实幸福没有绝对答案，关键在于我们的生活态度。让身心住在当下，让年华充实丰富、有意义、有价值，让爱围绕在我们的周围，那么自然心暖到底，花开半夏。

第 4 章

聆听生命，让身心安住在当下

　　过去是不可改变的历史，而将来又无法捉摸，我们唯一能把握的只有现在。放下对过去的牵挂，放下对未来的执着，在当下的每分每秒活得充实，让今天活得优雅而有尊严，明日的我们何尝不会破茧成蝶，飞翔于鲜花和阳光之中？活在当下，聆听生命，便活出了幸福。

<hr>

1

学会等待，享受等待

　　现代都市生活中，等待是随处可见的。比如，当你兴致勃勃地进入饭店吃饭，遇到慢吞吞的上菜速度，你只能愤然等待；当你开车遇到红灯的时候，你只得无可奈何地等待；当你去超市购物结账的时候，前面已经排了很多人，你不得不安静地等待。

　　无论是哪一种，等待往往使人有一种莫名的烦躁。这种烦躁中含有对他人的怨恨，对生活的抱怨，有人甚至祈祷时间过快一点，希望永远没有等待。殊不知，没有了等待，生活也就失去了原本的意义。

从前，有一个年轻人与女朋友约会。他早早地来到一棵大树下，左等右等就是不见女友的影子，于是长吁短叹起来。突然他的面前，出现了一个天使。天使送给他一样东西，只要按一下按钮，就可以逃过所有的等待时间。

年轻人试着按了一下按钮，女朋友立即出现在他面前。他想，现在我们举行婚礼该多好，于是又按了按钮，紧接着出现了热闹的婚礼场面，他与情人正手挽手向来宾鞠躬。要是现在我们就有了孩子，多好啊！于是，他的想法又实现了。他飞快地按着按钮，又有了孙子，重孙子，一眨眼工夫就儿孙满堂了。

一时之间，心中的愿望不断地超前实现了，可是此时的他却是老态龙钟，衰卧病榻，死亡的恐惧深深地包围着他。一直追求快点实现自己的愿望，没有想到很多东西没有享受就已经过去了。这时，他才明白，在生命中，即使等待也有很大的意义。

你还害怕等待吗？好好享受等待吧。

一篇文字里描写过这样一种花：在南美洲一个海拔4000多米，人烟稀少的地方，生长着一种叫作"普雅花"的花，花开之时美丽到极致。这种花的花期只有短短两个月，而且百年才能开一次花，然而它总是静静屹立在高原之上任凭雨打风吹，等待着100年后生命绽放时的惊天一刻，等待着攀登者的眼前一亮！

对普雅花来说，等待是一种美丽，而对于人来说不也是吗？现实都市人缺乏的正是这种等待精神。那些好高骛远的人只看重成功的光辉却忽略了成功前的努力和等待，然而没有之前的努力和等待，哪来的最终成功呢？毕竟，成功是一个奋斗的过程而不是结果，人生更是如此，重要的是享受过程。

你看，飞舞的蝴蝶是美丽的，那种美丽是因为曾经在厚厚的茧壳中，蛹在黑暗与无助的寂寞中默默地等待并挣扎，才会为自己迎来了这份自由灿烂的美丽；鲜艳的花朵是美丽的，那是因为泥土中的种子在寂寞的时光中悄然地舒展着生命，等待着温柔的春风与细雨，给它有了重生的希望。

不过，生活中也有这样一种人，他们在等待中既不会烦躁也不会绝望。他们会将等待的过程看成是一种体验，在等待的时间空间范围内去做，去看，去体会一系列可以享受到的东西。而对那时的他们而言，等待就不是痛苦的煎熬，而是一种别样的享受，是从各方面享受生活的难得一刻……

有一次，凯·本从偏远的农村搭车到城市，车到途中忽然抛锚。那时正值夏季，午后的天气闷热难当，这着实让人着急。凯·本询问司机，得知车子修好要用三四个小时时，便独自步行到附近的一条河边。

河边清静凉爽，风景宜人，凯·本在河中畅游了一番之后，感到浑身的暑气全消、心清气爽。之后他躺在一片树荫下，迎着和煦的风，看着蔚蓝的天，听着婉转的鸟鸣，觉得此刻美妙极了，最后他又美美地睡了一觉。

等凯·本回来后，司机已经将车子修好了。此时已经将近黄昏，凯·本搭上车，趁着黄昏凉爽的风，直向城中驶进。尽管耽误了半天的时间，但是凯·本逢人便说："这是我平生最美妙、最愉快的一次旅行！"

在汽车抛锚又不能及早修好的情形下，别人可能会顶着烈日，气恼地抱怨车子怎么不能提早一分钟修好。而凯·本则利用这段时间安心地在河边享受了一番，如此这次旅行变成了最愉快的一次。等待的妙处由此可见一斑。

等待不是消磨时光、无所作为、庸庸碌碌，而是把握时机，努力向前的一种智慧，是暂时忍耐，漠然悲喜的一种胸怀。懂得等待，享受等待的人是睿智的，更是幸福的。等待是一种美丽的坚持，希望到来之前是等待，希望到来之后还是等待，因为那时又有一个新的希望了，而希望是生活的源泉和动力。

《希望井》中有这样一段话："掉落深井，我大声呼喊，等待救援……天黑了，黯然低头，才发现水面满是闪烁的星光。我在最深的绝望里，遇见最美丽的惊喜。"几米用诗意盎然的语言写出了耐人寻味的哲理：人生不会一马平川，也不会总是春风得意，任何时候都有可能出现困境。这时候你应该学会等待，在等待中你也许会发现生活的另外一个出口，遇见不期而至的美丽。

梅斗霜雪，独立寒枝，那是在等待春天；雪声飘落，花木入梦，那是在等待晨曦；孤云出岫，一无所系，那是在等待彩虹……等待，是一幅山水画，几经描绘，静心欣赏，才能感受到它的美丽。等待，是一杯香茗，精心泡制，细细品味，才能品尝到它的清香。愿我们学会等待，享受等待的美丽时光。

2

人生从没有"假如"这回事

　　人到一定年纪，总会怀念以前的一些事情，反思自己的人生，也会后悔当年干了什么没干什么。我们常常听到类似这样的感慨：假如一切可以重新开始，我会做得更好；假如时光可以倒流，我一定会好好把握；假如再给我一次机会，我一定一定会尽力争取……我们太希望得到"假如"的垂青了，可是这只不过是一厢情愿而已。

　　人生是一次不能抗拒的前行，我们走的每一步都是现场直播，从起点到终点都是不可以重复的。人生是没有假如的，很多东西过了这一村，也就不会再有那一店了，已经不能挽回了，再也找不回来了，而只有继续前进。所以，"假如"只会劳心费神，甚至可能导致更多更大的不幸。

　　话说回来，就算真有"假如"，我们的生命可以从头来过，我们的人生可以重新开始，当初在选择道路的时候，选择另外一个岔路口，那么我们的生活会不会更加精彩？我们的人生会不会更加完美？答案是未必！

　　《蝴蝶效应》是一部著名的美国电影，这部电影有一个精妙构思——男主角伊万具有穿梭时空的能力，这为他提供了可以反悔的机会，于是他决定回到过去修正已经发生过的事实。然而，伊万一次次跨越时空的更改，只能越来越招致现实世界的不可救药。一切就像蝴蝶效应一般，牵一发而动全身，出现了防不胜防的意外。他挽救了心爱女友凯丽的生命，但却失手打死了凯丽的弟弟汤米，导致了自己的牢狱之灾；他回到了爆炸的那天，将靠近信箱的母子扑倒，自己却变成了失去双臂的残疾人，母亲因此染上了烟瘾，得了肺癌，而最后凯丽则成为了别人的女友……

这部电影告诉我们，其实人生若真有"假如"，我们可以重新选择人生的话，一切，也许并不如同我们所想象的那样美好。因为人生是不可能停留的，主客观情势都在不断变化，此时已不是彼时，此人也非彼人。

人生没有那么多"假如"，过去的已经成为历史，你可以设法改变以前所发生事情产生的后果。但不可能改变之前发生的事情，唯一的办法就是爬起来拍拍身上的灰尘，重新走上人生的旅途。

让我们分享一个故事吧，名字就叫《不为打翻的牛奶哭泣》。

戴尔·卡耐基事业刚刚起步的时候，在密苏里州举办了一个成年人教育班，并且陆续在各大城市开设了分部。由于没有经验又疏于财务管理，在他投入很多资金用于广告宣传、租房、日常的各种开销之后，他发现虽然这种成人教育班的社会反响很好，但自己一连数月的辛苦劳动竟没有挣到钱。

卡耐基为此很是烦恼，他不断地抱怨自己疏忽大意。这种状态维持了好长时间，他整日闷闷不乐，神情恍惚，无法进行刚刚开始的事业，后来他只好去找中学时代的生理老师乔治·约翰逊，向他寻求心灵上的帮助。

听完卡耐基的话之后，老师意味深长地说："是的，牛奶被打翻了，漏光了，怎么办？是看着被打翻的牛奶哭泣，还是去做点别的。记住被打翻的牛奶已是事实，不可能再重新装回瓶子里，我们唯一能做的就是吸取教训，然后忘掉这些不愉快。"

老师的话如醍醐灌顶，使卡耐基的苦恼顿时消失，精神也为之一振。他说："我拒不接受我遇到的一种不可改变的情况，我像个蠢蛋，不断做无谓的反抗，结果带来无眠的夜晚，我把自己整得很惨，终于我不得不接受我无法改变的事实，重新投入到了热爱的事业中。"后来，卡耐基成为美国著名的企业家、教育家和演讲口才艺术家，被誉为"成人教育之父"、"20世纪最伟大的成功学大师"。

是啊，人生不可能总是一帆风顺，很多事情是经历过之后才明白的，这就是成长的代价。我们与其沉浸在过去里抱怨、后悔，用忧虑来毁灭自己的生活，不如"不要为打翻的牛奶哭泣"，吸取这次的教训，然后便把它忘记，开始注意努力做好下一件事。对此，著名的文学家刘墉也曾经说过："人生在世，我们可以转身，但不必回头。即使有一天发现自己错了，也应该转身，大步朝着对的方向大步向前，而不是一直回头埋怨自己的错误，陷在痛苦的泥潭里不能自拔。"

不要被过去的事情所影响，着眼于现在和将来，不要去苛求什么，也不必去奢望什么。将"假如"改成"下一次"，下一次我一定要如何如何，下一次我一定会做好的……这样才能阻止"假如"的事故继续重演下去，走向成功，走向幸福，走向安然。

最后，让我们铭记普希金所说的一句话吧："这一切终将过去，都将变成亲切的回忆。这一切，只不过是黎明前的黑暗，是历史上的一页。虽然我们身处黑暗，但是黎明总要播撒光明，历史也要翻开新的一页。现在的一切都将过去，而未来是搁笔待写的空白，需要我们去填写。"

3

一天的难处，一天担当就够

现实生活中总有这样一些人，他们会情不自禁地为明天各种各样的事务忧虑不安。一串串的思绪在大脑中东飘西荡："明天早上我能够准时醒来吗？""明天我生了重病怎么办？""明天我遭遇意外怎么办？"……

殊不知，烦恼并不像存折上的钱，我们支出来一点就会少一点。明天的事情该来的还是会来，今天的忧虑并不能够改变明天的状况。如果我们总是为明天忧虑，除了徒增烦恼、压力重重之外，根本不会有幸福可言。

有这样一个医科专业的大学生，临近毕业时他的生活中充满了忧虑："毕业后我该做些什么事情？该到什么地方去？""我能找到工作吗？万一找不到，我怎样才能谋生？""我是不是该自己创业，那创业会不会很艰难？我能坚持下去吗？"……这些想法令他整天愁眉苦脸，寝食难安。

后来导师发现了这一问题，他找到这位大学生，意味深长地说："清扫落叶是一件极为辛苦的苦差事，但是昨天扫得很干净的院子，明天还是会落叶满地，因为只要一起风，树叶就会落下来！傻孩子，不管你今天用多大的力气，还是要扫明天的落叶。明天的事情明天再想，让自己轻松一些吧！”

听了导师的话，这位大学生恍然大悟。

人生在世，哪个人没有忧虑呢？没有人能真正做到无忧无虑，但"车到山前必有路，船到桥头自然直"。不要想太多有关明天的事，做好了今天就是为明天做准备，等明天的烦恼真来了再去考虑也为时不晚。"不要为明天忧虑，明天自有明天的忧虑，一天的难处一天担当就够了！"

也许很多人会说：人无远虑，必有近忧，为明天做计划是一种理智。是的，人是应该对明天有所计划，可是如果计划变成了对明天的忧虑，那就不算计划而是重担了，远虑也就成为了近忧。再形象一点地说，明天天有晴时，也有雨时，阳光灿烂的今天就整天打着雨伞，你说累不累呀？

"不雨花犹落，无风絮自飞"，大自然的变化、人生的境遇都是冥冥之中的安排，忧虑的心灵解不开明天的"千千结"，做好今天的事情足矣，又何须为明天忧心呢！我们不是超人，精力总是有限的，忧虑的心灵撑不动明天的"许多愁"，一天的忧虑一天担当就足够了，明天的事情明天再做未尝不可。

更何况，明天的大多数忧虑是毫无意义的，多数根本就不会发生。"世界上有99%的预期烦恼是不会发生的。它们很有可能只是存在于自我的想象中"，这是"二战"时期美国作家布莱克伍德的一句名言，也是他的亲身经历。

布莱克伍德的生活几乎是一帆风顺的，即使遇到一些烦心事，他也能从容不迫地应付。但是，1943年夏天因为战争的到来，世界上的大多数担忧接二连三地向他袭来：他所办的商业学校因大多数男生应征入伍而出现严重的财政危机；他的大儿子在军中服役，生死未卜；他的女儿马上要高中毕业了，上大学需要一大笔学费还没筹齐；他的家乡一带要修建机场，土地房产基本上属无偿征收，赔偿费只有市价的十分之一……

一天下午，布莱克伍德坐在办公室里为这些事烦恼，他把这些担忧一条条地写下来，冥思苦想，却束手无策，最后只好把这张纸条放进抽屉。一年半之后的一天，在整理资料时，布莱克伍德无意中又发现了这张便条，而且这些担忧没有一项真正发生过。他担心他的商业学校无法办下去，但是政府却拨款训练退役军人，他的学校很快便招满了学生；他的儿子毫发无损地回来了；在女儿将入大学之前，他找到了一份兼职稽查工作，帮助她筹足了学费；而住房附近发现了油田，他的房子不再被征收……

最后，布莱克伍德得出了一个结论："我以前也听人们谈起过，世界上绝大部分的烦恼都不会发生。对此我一直不太相信，直到我再看到自己这张烦恼便笺时，我才完全信服！为了根本不会发生的情况饱受煎熬，真是人生的一大悲哀！"后来他根据此，还写了一本书《99%的烦恼其实不会发生》。

看见了吧！"世界上有99%的预期烦恼是不会发生的"，何必为着无法预知的明天而让眉间紧锁呢？何必因为尚未到来的明天让心灵蒙上阴翳呢？与其明日后悔，不如今日努力。与其活在不可知的明天，不如活好已知的今天；与其活在尚未到来的明天，不如活好当下的今天。做好今天的事情，对生活心怀希望，就算所担忧的事情明天真的发生了，这种态度也会使事情朝着好的方向发展。

不必预支明天可能的烦恼，一天的难处一天担当就够了。由此，也定能获得内心的平静，聆听到生命中的福音！

不念过去，非贪未来

生命的意义是由每一个唯一的此时此刻构成的，我们不是为过去而活，也不是为未来而活。可惜不少都市人士不懂这个道理，总是一味地留恋过去的事情，或者一味地憧憬未来更美好的东西，而忽视了拥有的此时此刻。

曾读过这样一个故事，令人颇有感触。

一位哲人旅行时途经一座古城的废墟，岁月让这座城池成为一片荒芜的废墟，但他凭着自己锐利的眼光还是能看出这座城池昔日辉煌时的风采。城池的兴衰给哲人带来了无尽的思索，他随手搬过一个石雕坐下来，不由得感慨万千。

忽然，一个声音飘进哲人的耳朵："先生，你在感叹什么呀？"哲人四下张望却没有人，后来发现声音来自自己坐着的石雕——那是一尊"双面神"石雕。哲人没见过双面神，奇怪地问："你为什么会有两副面孔呢？"

双面神说："有了两副面孔，我才能一面察看过去，牢牢吸取曾经的教训；另一面瞻望未来，去憧憬无限美好的明天。"

哲人听罢，说道："过去的只能是现在的逝去，再也无法留住；而未来又是现在的延续，是你现在无法得到的。你不把现在放在眼里，即使你能对过去了如指掌，对未来洞察先知，又有什么意义呢？"

听了哲人的话，双面神不由得痛哭起来："你的这番话让我茅塞顿开，我终于明白，我今天落得如此下场的根源。"

哲人问："为什么？"

双面神解释说："很久以前我驻守这座城池时，总是一面察看过去，一面瞻望未来，却唯独没有好好把握当下。结果这座城池被敌人攻陷了，美丽的辉煌成了过眼云烟，我也被人们唾骂而弃于这废墟中。"

昨天已成为过去，明天还没有到来，总回想过去，有限的精力会被无端浪费，老幻想明天，时光就会白白地流逝。人生不是徘徊，人生也不是等待，人生最好的时光就是宝贵的现在，我们一定要活在当下。

到底什么叫作"当下"？简单地说，"当下"指的就是：你现在正在做的事、待的地方、周围一起工作和生活的人；"活在当下"就是要你把关注的焦点集中在这些人、事、物上面，全心全意认真去接纳、投入和体验这一切。

学习就专心学习、工作就专心工作、吃饭就专心吃饭、睡觉就专心睡觉……此时此刻便是一个停滞的当下，你只需凝神静想，躺在时间的河流里接受当下的润泽。它可以是在阳光下的悠然漫步，可以是黄昏里的默默执手……如果把当下扔进生命之杯，那当下就是暖炉上的一杯清茶，暖暖的依存，淡淡的清香。

曾经读过一个小故事，让人听后有如醍醐灌顶，豁然开朗。

从前有个渔夫躺在沙滩上悠闲地晒太阳，有个富翁走过来对他说：

"你怎么能在这里浪费时间晒太阳，你现在应该去努力干活啊。"

渔夫问："干活有什么用呢？"

富翁说："干活就会有一点积蓄。"

渔夫问："有积蓄又有什么用呢？"

富翁说："有了一点积蓄，你就能进行投资；只要努力工作，细心管理你的投资，加上运气好的话；一二十年后，你就能变成一个富翁了。"

渔夫又问："成为富翁有什么用呢？"

富翁说："成了富翁就能像我一样，可以躺在沙滩上晒太阳。"

渔夫问富翁："你看我正在干什么？"

渔夫的回答妙到极处，"你看我正在干什么？"活在当下，什么都不想，就只是在那里，在当时，享受每一个真实刹那，是最愉快、最安稳、最科学的一种方法。那春天美丽的花、夏日凉爽的轻风、秋天丰硕的果实、冬日和煦的阳光，那得之不易的机会，那美好的幸福时光，那大好的青春年华……

对过去已发生的事不作无谓的思维与计较，所以无悔；对未来会发生什么也不去作无谓的想象与担心，所以无忧。没有过去拖在后面，也没有未来拉着往前时，生命全部的能量都集中在这一刻，生命也就具有了一种巨大的张力，喜悦而不为一切由心所生的东西所束缚，这就是幸福的最好写照了。

事实上，"当下"也是稍纵即逝的，正如朱自清在《匆匆》里所描述的："洗手的时候，日子从水盆里过去；吃饭的时候，日子从饭碗里过去；默默时，便从凝然的双眼前过去……"当下的前一秒是过去，下一秒就是未来，当下连接着过去和未来，所以好好把握现在，活在当下，我们也就拥有了过去和未来。

时间是由无数个"当下"串联在一起的，每一个瞬间、每一个当下都将是永恒。林清玄在作品《前世与今生》中说过这样一句话："昨天的我是今天的我的前世，明天的我就是今天的我的来生。我们的前世已经来不及参加了，我们有什么样的来生尚且不知。让它们去吧！就把握今天吧！"

"对酒当歌，人生几何？"人活百岁，不过三万多天，如白驹过隙，恍然瞬间而已。年华似水，无关痛痒，它静静地、悄悄地从我们身边流过。流光一闪，红了樱桃，绿了芭蕉。活在当下的此时此刻，用心演绎生活的精彩，感悟生命的真谛，就能拥抱真正的自我，找到获得平和与宁静的入口。

不浮不躁，坐看云起，端坐静感，乐享当下。

5

当下的愿望，即刻去实现吧

"等到我买了房子以后，我就买几件漂亮衣服，现在买有些太破费了"；

"等我最小的孩子结婚之后，我就可以松口气，来场国外旅行啦"；

"等我把这笔生意谈成之后，我会准备一顿美餐，好好犒劳自己"；

……

人们似乎都很愿意牺牲当下，去换取未知的等待；牺牲今生今世的辛苦钱和时间，去购买后世的安逸。殊不知，人生是由时间构成的，而时间是无法储存，无法珍藏的。人生错过了，也就错过了，失去的便永远不再。

我们先来看一则寓言故事。

从前有一个富翁，他家地窖里珍藏着很多葡萄酒，其中一坛品质上乘、历史悠久的被深埋于地，这只有他知道。有一天州府的总督登门拜访，富翁提醒自己："不，不能开启那坛酒，这酒不应仅为一个总督启封。"后来国王又来访，和他同进晚餐，但他想："国王不懂这坛酒的价值，喝这种酒过分奢侈了"。最后甚至在他儿子结婚那天，他还自忖道："不行，不能拿出这坛酒，要等待最重要的时刻才可以打开。"

随着时间的流逝，富翁地窖里的葡萄酒被喝了一坛又一坛，唯独那坛葡萄酒没有人动过。有一天富翁死了，下葬那天地窖里所有的酒坛都被搬了出来，除了那一坛陈年老酒，因为没有人知道它埋在哪儿。就这样，这坛酒依然被深埋在地下，一年又一年，也没有人知道它的味道有多醇香……

看到了吧，美丽的东西不享用它，平白冷落，便是一种糟蹋。将希望寄予等到方便的时间才享受，我们不知会错过生命中多少美好的东西，失去多少可能的幸福，这就像没有在最适当的时候去做适当的事情一样，想起来，都是一种遗憾。

还记得一首名为《我要去桂林》的流行歌曲吗？"我想去桂林呀，我想去桂林，可是有了钱的时候我却没时间……"口袋没钱的时候，我们有的是时间，可一旦口袋里装满了钞票，时间又没有了，也许这就是很多人无法遂愿的主要原因吧！其实这也完全是我们生活的真实写照。

一个80岁的老人写了一篇文章，文章大概是这样写的：

在我的一生里，我扮演的角色一直是贴心的女儿、温柔的妻子、慈祥的母亲、勤劳的员工，我每天都在为了这些事情忙碌，而一刻也停不下来。直到现在，生命将灭，当我不得不停下来时，才深深地意识到，我还有很多事情没有做，有很多话来不及说，很多东西都还没有吃过……这实在是人生的失败和遗憾。

如果我能重活这一生，我要享有更多那样的时刻——每一刻、每一分、每一秒。如果一切能重来，我要做什么呢？我会在早春赤足到户外踏春，在深秋里买自己喜欢的呢大衣，我还要去游乐园坐几次旋转木马，多看几次日出，跟朋友们一起欢笑，只要人生能够重来。但是你知道，不能了……

或是因为太过珍贵，或是因为有重大纪念意义，人生中有些东西值得珍藏，但有时候及时"消耗"，反而比珍藏更有意义。譬如，一瓶好酒，和家人、朋友坐在一起品尝它，大家一起津津乐道地赞美它的醇香与它的美妙，远远要比把它独自藏起来的意义更深远，反而更给生活添加光彩。

的确，人生就像是一张支票，是有期限的。很多东西生不带来死不带去，如果不在规定的期限内用尽，你将再也没有机会了。与其等着死后白白地浪费掉，还不如现在开开心心地享受一把。生命只在一瞬间，花开堪折直须折。美丽的东西只有在用的时候，才能更见其光华。

有一次，意大利记者吉阿提尼叙述访问俄罗斯著名钢琴家安东·鲁宾斯坦。告别时，鲁宾斯坦热情地送给吉阿提尼一盒他最喜欢抽的雪茄。

吉阿提尼很是激动，说："我要好好地把它们珍藏起来。"

"千万不可，"鲁宾斯坦回答，"你一定要现在把它们抽掉。这些雪茄美妙如人生，人生是不能保存的，你一定要尽量享受它。要知道，没有爱和不能享受人生，生活就没有了任何的乐趣。"

"人生是不能保存的，我们要尽量享受它。"鲁宾斯坦实在是一个智者！

享受人生，正如法国作家蒙田所言，是至高神圣的美德。亚历山大大帝在短短 13 年中，以其雄才大略东征西讨，建立了一番霸业。尽管如此，他也视享受生活乐趣为自己的正常活动，而把自己的叱咤风云的战争生涯看作非正常活动。

人生苦短，不要想得太多，想做就做，想吃就吃，想爱就爱，学会慷慨地及时行乐，及时采撷具有生命意义的花朵，及时享受身边的美好事物吧，这样，我们就会觉得生活的美好，生命的可留念。在有生之年，我们可以很满足地对所有人说：我努力过，我也享受过，我的人生没有遗憾。

第5章

可以爱的时候，别吝啬爱

　　我们每个人都希望得到认同，被肯定自己的价值，获得别人的重视和赞赏。爱的功能就在于此，让我们感受到生命的重要和奇妙。爱，是心灵的归属、生命的方向。爱是花间滚动的露珠，滋润着美丽的生命。是的，当我们选择了爱，世界便因我们而美丽。所以，当你可以爱的时候，请别吝啬爱。

1

拥有一些以心相交的朋友

　　生活在这个多彩的都市世界，任何一个人绝不是孤立的，每一个人都拥有朋友，每一个人都需要朋友。一个人的天空是狭小的、单调的，友情织成的天空是广阔的，也是灿烂的。如果你拥有朋友，就要真心地关爱他们，快乐时与之共享，悲伤时给以安慰，主动营造一种和谐友爱的关系。

问题是，有些人总是抱怨别人对自己不够好，抱怨别人不为自己付出，抱怨自己没有真正的朋友。原因何在？不妨想想，你对别人足够好吗？你对别人付出了多少呢？只想着从别人身上得到而自己不先付出，只会让人觉得你自私，而不愿意和你接触，如此自然就不会和你做朋友了。

　　所以，我们在与人接触时要做到：舍掉自私、心存善意、懂得付出、不索回报。正所谓："人之初，性本善。"、"恻隐之心，人皆有之"，每个人都懂得"投桃报李"的道理，当别人接受你的"桃子"的时候，必然会给你其他的礼物作为回报。

　　从前，有两个饥饿的人得到了一位长者的恩赐：一根渔竿和一篓鲜活硕大的鱼。其中，一个人要了一篓鱼，另一个人要了一根渔竿。要想好好地生存下去，就要找到大海，而大海离这里还有很长的一段路要走。

　　得到一篓鱼的人饿极了，就在原地用干柴搭起篝火煮了一条鱼，不过他没有自私地把鱼吃个精光，而是把一半给了得到渔竿的人。两人吃完鱼后不饿了，便商定共同去找寻大海，每次只煮一条鱼，一人一半。

　　经过长期的跋涉，这两人终于来到了海边，这时候鱼篓的鱼已经吃完了。得到渔竿的人便开始钓鱼了，为了回报，他将钓的鱼分给了得到鱼的人，从此两人以捕鱼为生，过上了幸福安康的生活。

　　在这个事例中，这两个人没有被自私蒙蔽双眼，他们把自己的东西让一半给对方，互助互爱，最后战胜了饥饿，拥有了幸福，还得到了珍贵的友谊。可贵的友情就是这样，惺惺相惜，同舟共济。在生活中，如果我们拥有这样的友情，千万要懂得珍惜，不要让这样的朋友在我们的人生中消失。

人的一生不可能一帆风顺，朋友难免会碰到失利、受挫或面临困境的时候，这时候我们更要及时伸出热情的手，关爱和帮助朋友。你哪怕只是尽了绵薄之力，他也会由衷地感激，将会用最真诚的心来结交你这个朋友。日后什么时候你遇到了困难，他也会在重要之时助你一臂之力。

诗人纪伯伦曾说过："和你一同笑过的人你也许很快就把他忘却，而同你一同哭过的人，你也许一生都会记住他。"其实道理很简单，"危难之中见真情"，人在遇到难处的时候特别渴望得到朋友的爱，你及时的关爱和帮助无疑是雪中送炭。朋友之间就是这样，锦上添花不足贵，雪中送炭才是君子所为。

孟同刚刚毕业参加工作，因工作中的一点小失误被迫辞了职，但他照例得给家里寄钱以供弟妹上学。身上的钱已经所剩无几，因交不起房租一再被房东抱怨，但孟同是一个自尊心很强的人，在朋友面前从不表示出来。

一天，朋友来孟同家里玩儿，不巧的是孟同临时接到面试的通知，他让朋友先在家里待会儿，自己就去面试了。等他再回来时，看见桌上放了1000块钱，这时手机响了，朋友发来了一条信息，说"房租已交，钱留着用"。原来方才房东又来催交房租了，朋友便慷慨解囊。短短几行字，孟同热泪盈眶，一份感动充满了他的内心。

多年过去了，孟同已经由一个穷小子变成了一个成功人士，而这部手机，这条信息他始终保留着。孟同知道自己在意的不是这些，而是那一份真挚的友情。后来孟同听说朋友的父亲得了重病需要做手术，朋友因资金不够踌躇不已。第二天，他什么也没说就给朋友的父亲交了上万元的手术费。

在危急的关键时刻，正是真正考验友情的时刻。在孟同人生的低谷，在最需要帮助的时候，朋友挺身而出，帮了他一把，让他渡过了暂时的难关，这是一种付出。当朋友面临困难时，孟同也及时伸出援手，这是一种回报。苦难面前，不离不弃，这才是真正的朋友，这才是真正的友谊。

曾经听过这样的话："茫茫人海，漫漫长路，你我相遇，成为相互。相互就是走累了一起扶助，走远了一起回顾；相互就是痛苦了一起倾诉，快乐了一起投入。"真正的朋友就是这样一种相互，无论在何时何地，并肩站立，携手同行，所以真心地爱你的朋友吧，给他们支持和帮助、温暖和感动。

千百年来，歌颂友谊的诗句百听不厌。李白的"桃花潭水深千尺，不及汪伦送我情"，苏东坡的"但愿人长久，千里共婵娟"，王维的"劝君更尽一杯酒，西出阳关无故人"，何逊的"春草似青袍，秋月如团扇，三五出重云，当知我忆君"，王勃的"海内存知己，天涯若比邻"，演绎着一幕幕可贵的友情。

我们需要可贵的友情，这种感情不依靠什么，不企求什么，它是纯净而温馨的，是我们幸福大道的铺路石。岁月如海，友情如歌，一首《朋友》道尽情愫："朋友一生一起走，那些日子不再有，一句话一辈子，一生情一杯酒。朋友不曾孤单过，一声朋友你会懂，还有伤还有痛，还要走还有我……"

2

为父母分一些时间、多一些陪伴

在爱的花园中，有一朵花没有浓烈的香气，没有美艳的花形，看似那样平凡无奇，那样容易被人忽略，但是它是开放时间最久的，就算干枯了花色也不褪，这朵花就是父母对儿女的爱。他们将全部的爱奉献出来，默默付出不求回报，将不平凡的爱寓于平凡中，是那么深沉、隽永、悠长！

可是我们呢？总是认为这种爱是理所应当的，总是在强调着自己的酸甜苦辣，终日迷恋于什么面子、金钱、权力……一次次把父母抛之脑后，"等我升职了一定回家看他们"、"等我发达了再好好孝敬他们"……一年又一年，任孤独一再地摧毁父母的容颜，任辛苦不停地压弯父母们的脊梁。

殊不知，人生中很多事情是可以等的，但是对待父母的爱，孝敬父母是不能等的。因为，时间如水，我们在一天天成长的同时，父母却在一天天老去。即使我们对父母的感恩来得及，我们是否想过父母等得及吗？那个时候恐怕他们已经无福消受了，世间最痛苦的事情莫不过于"子欲孝而亲不待"。

杨伟在北京有一份体面的工作，但是离他的老家却很遥远。职场上的竞争压力让杨伟不敢松懈，而且他一心想得到更多升职的机会，所以回老家看望父母的时间特别少。每次打电话回家，两位老人都会问："你这小长假有时间吗？回家看看吧！"杨伟总是搪塞着，他已经记不清有多少次这种电话了。而母亲也通情达理，"没事，忙你的工作吧，有你父亲陪着我就行。你好好照顾自己，我们就放心了。"

这次，父亲打来了电话，坚持要杨伟回家看看，说是母亲生命垂危。杨伟赶紧放下手头工作驱车赶回老家。见到母亲的一刹那，他呆住了，半年没见母亲居然瘦弱得不成样了……原来，母亲一年前就已经查出患了癌症，她想告诉杨伟这个噩耗，但又担心耽误孩子的正常工作，只好每次打电话时问杨伟回不回家。但是每次杨伟都会有各种各样不回家的理由，母亲只好无奈地作罢。

怎么会这样，怎么会这样？杨伟的内心像针扎了一样，这些年他只想着通过自己的奋斗让父母将来过上好日子，万万没想到母亲已经等不及了，他恨自己当初的无知，后悔没有好好陪陪母亲。杨伟任由泪水肆意地流淌着，这是愧疚的泪，也是痛苦的泪，是对于自己不孝的忏悔的泪……

"慈母手中线，游子身上衣。临行密密缝，意恐迟迟归。"多么真实的生活写照，它道出了所有父母的心声。正因为如此，趁父母还健在时，去爱他们吧，说出对他们的爱吧！一定！这是因为，明天或许就晚了，到那时，那些没有说出口的感激的话语、爱的话语将如鲠在喉，使你感到沉重和痛苦，无法解脱！

其实，仔细想想，父母盼望的不是儿女的飞黄腾达，需要的不是儿女充裕的物质孝养。他们的要求很简单，子女平安幸福就好，子女常回家看看就好，子女多一些问候就好。一旦感受到子女的挂念和关爱，他们的心中就会洋溢着一股别样的幸福和快乐，这远胜过物质的慰藉。

所以，孝顺不在乎你物质上的给予有多少，不在乎你心里想了多少，而在于你真心去做了多少，在于蕴涵其间的真情挚意。别再找各种各样的理由了，从今天开始，常回家看看父母，抽时间陪陪父母，听从父母的教导，关心父母的健康，分担父母的忧虑，好好用爱回报父母吧，让他们真正享受你所给予的快乐。

正如《常回家看看》里唱的那样："找点空闲，找点时间，领着孩子常回家看看，带上笑容，带上祝愿，陪同爱人常回家看看。妈妈准备了一些唠叨，爸爸张罗了一桌好饭。生活的烦恼跟妈妈说说，工作的事情向爸爸谈谈。老人不图儿女为家做多大贡献，一辈子总操心就为了平平安安。"

还有这样一段感人至深的文字，相信每个人读完之后都会百感交集："他们花了很多时间，教你用勺子、筷子吃东西，教你穿衣服，系鞋带，系扣子，教你洗脸，教你梳头发，教你做人的道理。所以……当他们有一天变老时、当他们想不起来或接不上话时、当他们哆哆嗦嗦地重复一些老掉牙的故事时，请不要怪罪他们；当他们忘记绑鞋带、系扣子，当他们开始在吃饭时弄脏衣服、当他们梳头时手开始不停地颤抖，请不要催促他们……因为你在慢慢长大，而他们却在慢慢变老……只要你在他们眼前的时候，他们的心就会很温暖。如果有一天他们站也站不稳、走也走不动的时候，请你紧紧握住他们的手，陪他们慢慢地走，就像当年他们牵着你一样。"

"父兮生我，母兮鞠我，拊我蓄我，长我育我，顾我复我。"做儿女的不能总想着要"索取"爱,要父母理解你、包容你,而是要时时刻刻想着怎么"给予"爱,尽可能地对父母做一些感恩的事情。你会发现,这不仅是善待父母也是善待自己,每一次付出都是对内心的洗礼,每一次给予都是精神的升华。

3

你的举手之劳，将成就自己和他人

忙碌的我们似乎越来越不快乐了，忧郁和孤独不断充斥着生活。我们为什么会忧郁？为什么会孤独？著名心理学家荣格的观点是："我的病人中大约三分之一都不是真的有病，而是由于他们只爱自己，只在乎自己的所得与所失，对周围的一切表现出冷淡、怠惰、不在乎、无所谓的态度。"

那么，我们应该如何做呢？不妨先来看一个故事。

在暴风雨后的一个早晨，沙滩的浅水洼里有许多被暴风雨卷上岸来的小鱼。它们被困在浅水洼里，回不了大海了。用不了多久，浅水洼里的水就会被沙粒吸干、被太阳蒸干，这些小鱼就都会被干死。

有一个小男孩走得很慢很慢，而且不停地在每一个水洼旁弯下腰去——他捡起水洼里的一条条小鱼，并且用力把它们扔入大海。太阳炙烤着沙滩，小男孩的汗水不停地流着，腰酸、胳膊痛，但他还是在不停地往海里扔着小鱼。

有人忍不住走过去："孩子，这水洼里有这么多条小鱼，你救不过来的。"

"我知道。"小男孩头也不抬地回答。

"那你为什么还在扔？谁在乎呢？！"

"这条小鱼在乎！"男孩儿一边回答，一边继续拾起一条小鱼扔进大海，"这条在乎，这条也在乎！还有这一条、这一条、这一条……"

在小男孩的心目中，每一条小鱼都是独立、完整的生命，都有获得同情、关爱和呵护的需要。尽管这么多小鱼他救不过来，可是对于被救的小鱼来说，他的新生不就意味着重新获得了整个世界吗？有什么理由不倾情相救呢？

是啊，"生命诚可贵"，孤儿院的孤儿们，被抛弃的残障人士，被冷落的老人们，他们难道不是和小鱼一样的生命吗？每个人都需要关爱，生活上也少不了关爱，那我们就应该去关爱他人，这样世界上才会充满——爱！

"相逢何必曾相识"，人与人之间的关爱不是只存在于亲朋好友间，我们应该充满热情地帮助任何一个需要我们的人。爱心，无须用多么高深的语言来阐明，也不必做出一番惊天动地的大事来，完全可以通过点滴小事做起。比如，搀扶一个盲人过马路，去养老院探望孤寡老人，省下几包烟钱对困难家庭的进行救助，向希望工程捐献财物……

对许多人来讲，这些都是一些举手之劳的小事，却能使他人感到整个社会的温情。爱心是冬日里的一缕阳光，使饥寒交迫的人感受到生活的温暖；爱心是黑夜中飘荡在夜空中的一首歌谣，使孤苦无依的人感到心灵的慰藉；爱心是洒落在久旱土地上的甘霖，使心灵枯萎的人感到情感的滋润。

在20世纪爆发的一场战争中，一名叫丽娜的普通家庭主妇从报纸上看到，参战的士兵因思念亲人而备感孤单、失落，部队的士气极为消沉。于是她决定以亲人的身份给他们写信：收信人是"每一位参战的士兵"，落款一律是"最爱你们的人"。信的内容风趣幽默，对士兵嘘寒问暖关怀备至。直至战争结束，丽娜一共寄出了600多封信，但她很低调，认为自己所做的一切和战争比起来根本不值一提。

日子一天天过去，转眼间战争结束已经快10年了。一天清晨，丽娜梳洗完毕要去上班，打开房门的一刹那，她惊呆了：门口笔直地站着一排排穿戴整齐的绅士。他们每人手里拿着一束玫瑰花，见到她绅士们都簇拥了上来，齐声喊道："我们爱你，丽娜女士！"丽娜此时像被万人追捧的明星，被鲜花和掌声包围住了。

原来，在战争结束十周年之际，参战士兵联合会进行了"战争中我最难忘的事"的评选活动。所有收到信件的士兵至今都难以忘怀，在那艰难的岁月这些信给了他们无穷的信心和勇气，于是他们决定找到写信人。通过寄出信的邮局，他们知道了丽娜的详细地址，相约来答谢这位伟大的女士。

丽娜的眼睛湿润了，她从没想过，一封信件居然会让这些经历了战火纷飞、生离死别的老兵们念念不忘，此时的她是幸福的。

爱，真的是一件神奇而美好的事物，它最神奇的一面就是让施爱者能够体会到幸福。当你把爱的阳光传递给别人时，即便微不足道，你的内心也会被阳光照亮。"送人玫瑰，手有余香"，在献出爱心芬芳众人的同时，最幸福最陶醉的还是我们自己，人性的光辉如日月般升腾于这个世界。

"只要人人都献出一点爱，世界将变成美好的人间。"歌曲《爱的奉献》中这句很流行的歌词表达了人们对爱的呼唤和向往。无论何时何地，我们要爱生命里的每一个人，怀仁爱之心，推仁爱之举，用爱筑起一道坚固的防梯。记住："这条小鱼在乎！这条小鱼也在乎！还有这一条、这一条、这一条……"

4

爱，多给自己一点点

在忙碌的生活中，很多人似乎有一个通病，全身心去爱别人很容易，要多关心自己一下却很难。尤其是女人，为了老公，为了孩子，为了赚钱等等。付出了很多，牺牲了很多，唯独就没有过为了自己，结果身心俱疲，离幸福越来越远。

王小蓓是一个十分温柔贤惠的女人，她认为一个好妻子就该做好贤内助。为了能尽量多陪陪先生和儿子，她将自己的个人活动都弃之不顾了。皮肤也不注意保养了，化妆就更不用提了，甚至连个人兴趣都放弃了，除了上班就是在家围着先生和儿子转，每天忙着打理家里的一切大小事情。去商场逛街，她满脑子想的是给老公孩子买些什么，即使自己相中了某件衣服也都是犹豫片刻便跑到别处去了，因为这件衣服的价格足够给孩子买很多好吃的……她全身心地扑在这个家里了。

可是，王小蓓的先生并没有认为他的妻子很辛苦，甚至觉得和她在一起很无聊，生活枯燥无味，他的理由是："她整日忙碌于家务，每天一副不修边幅、邋里邋遢的样子，而且一点兴趣爱好也没有，真后悔当初和她在一起。"……王小蓓做了多年的贤内助，耗光了自己青春年华，最终等来的只是丈夫的埋怨和指责。她猛然发现，自己突然间已经失去了很多。

　　纵观身边那些不幸福的人，皆是他们不懂关爱自己，失去自我的缘故。这并不难理解，一个人若连自己都不爱，倾其所有，牺牲自我，这种爱会变得越来越卑微，别人又怎会瞧得起你，把你当回事呢？卑微是留不住人心的。

　　人，不仅要向他人奉献自己的爱，也应该多爱自己一点点。爱自己，不是自私自利，不是自我姑息，不是自我放纵，更不是夜郎自大的无知，而是源于对生命本身的崇尚和珍重。只有懂得爱自己，才能懂得爱的责任；因为只有多爱自己一点，才更有能力去爱别人；因为多爱自己一点，爱才会更有意义。

　　爱自己，首先要爱惜自己的身体。重视、珍惜、照顾好自己的身体，学会劳逸结合，不要因为工作而过度劳累，建立规律健康的生活习惯，保持健康的心理状态，定期进行健康检查有病及时治疗等。健康是人生的第一财富，有了健康的身心才有可能谈得上事业有成，家庭幸福，才能憧憬美好的未来。

　　爱自己，最好有自己的朋友圈和兴趣爱好。试想，一个女人没有朋友，没有爱好，每天只知道吃饭睡觉、干家务活、家长里短，很容易被日常家务搞得神经麻木，看似勤劳本分，实则在男人眼中是索然无味的。所以，多结交一些朋友，多培养一些兴趣爱好，这是一个人的精神食粮，支撑着一个人的精神世界。

　　爱自己就是要自助，面对生活中的苦难和不幸，你首先要自己学会承担，自己拯救自己，尽全力替自己解围。不难想象，在人生中的某一时刻，你的身旁恰巧没有关心你，愿意倾听你心声的人，你是孤立无援的，如果傻傻地站在原地，等待别人的救助，那么只会让自己走进痛苦的深渊，又岂会有幸福而言？

爱，要多给自己一点点。因为你很重要，你就是你能拥有的全部。你存在，才会感到整个世界存在。你看得到阳光，才会感到整个世界看得到阳光。正如一位哲人所说的："不要再等待别人来斟满自己的杯子，也不要一味地无私奉献。如果我们能多爱自己一点，先将自己面前的杯子斟满，心满意足地快乐了，自然就能将满溢的福杯分享给周围的人，也能快乐地接受别人的给予。"

一位老华侨在国外曾独自奋斗多年，如今终于决定回国与家人团聚了。在为他送行的晚宴上，有朋友问，这么多年感触最深的是什么？老华侨回答："凡事多爱自己一点！这么多年一个人在外，要不是凡事多爱自己一点，就走不到今天；要不是凡事多爱自己一点，家庭也不会这么美满。"

"这是不是有点自私？"朋友半开玩笑地问，因为在他看来，一个大男人担忧的应先是一家老小的安危，而他却是自己。

"不自私"，老华侨解释道，"家人在家乡，无论是遇到了病还是灾，身边有亲人，担忧是担忧，但总可以转危为安。但我不同，异国他乡，要自己做好一切准备，防患于未然。"老华侨顿了顿，接着说，"平时对身体好的食物我从来不吝啬，该吃就吃，每个星期日我都会做自己喜欢做的事情，将心中的不快排解出去。每年夏天我都给自己十天假期，去海边游泳，晒太阳，让自己彻底地全身心地放松。正因为这样，我的身体和精神状态一直很好，所以我可以更好地工作多赚些钱也让家人生活得更好。"

老华侨确实应该多爱自己一点，因为他是一家人心中的那座山。如果他不爱惜自己，逼迫自己像陀螺一样不停地旋转、旋转，那么很可能会出现不同程度的身心之患，到时再多的金钱也是枉然。先学会关爱自己，才能把幸福带给家人。

懂得去爱别人，也适当去爱自己，懂得幸福是自己给创造出来的。这是我们需要学习的一门与幸福息息相关的课题！如果你觉得不够幸福，那么，就请多给自己一点点爱，从现在开始先跟自己谈一场恋爱吧！

第 6 章

人生的每一笔经历，都在书写你的简历

有些人总是在抱怨命运对自己不公平，为什么自己会遇到如此多的坎坷与磨难，可是你想过没有，正是这些磨难教会你勇敢和坚强，使你挖掘出了自身的最大价值。人生的每一笔经历，都在书写你的简历。我们走过的泥泞，总有一天会变成一条美丽的路。

---

①

无法选择磨难，但可以选择面对磨难的态度

每个人都希望自己的一生一帆风顺，但试问哪个人的一生又是一帆风顺的呢？反倒是处处充满了风霜雨雪的磨难。对于磨难，有的人是逃避，有的人是谴责，有的人是诅咒，但如果换一个视角用感恩的心来感谢磨难，未尝不是美事！

一个女孩对父亲抱怨她的生活不如意，工作不顺心，抱怨事事都

那么艰难。她已厌倦抗争和奋斗，好像一个问题刚解决，新的问题又出现了。她不知该如何应付生活，就要自暴自弃了，整天唉声叹气，痛哭流涕。

女孩的父亲是位厨师，他没有给女孩讲那些开悟人的大道理，而是把她带进了厨房。他先往三只锅里倒入一些水，然后把它们放在旺火上烧。不久锅里的水开了。他往一只锅里放些胡萝卜，第二只锅里放入鸡蛋，最后一只锅里放入碾成粉状的咖啡豆。他将它们浸入开水中煮，一句话也没说。

女孩纳闷父亲在做什么，不耐烦地等待着。

大约20分钟后，父亲把火闭了，把胡萝卜捞出来放入一个碗内，把鸡蛋捞出来放入另一个碗内，然后又把咖啡倒在一个杯子里。做完这些后，他让女儿去摸胡萝卜，她觉得它们变柔软了；然后，他又让她把鸡蛋剥开，结果她看到了一个有弹性的熟鸡蛋；最后，父亲要她喝咖啡。尝到芳香四溢的咖啡，她笑了。

"这是什么意思，父亲？"她谦恭地问道。

父亲解释说，这三样东西面临着同样的磨难：煮沸的水，但它们的反应却各不相同。胡萝卜本是强硬坚固的，煮完后却变得绵软如泥；生鸡蛋是那样的脆弱，蛋壳一碰就会碎，可是煮过后它的内部却变得坚硬；咖啡豆在没煮之前也是很硬的，虽然在煮过一会儿后变软了，但它的香气和味道却溶进了水里，变成了香醇的咖啡。

"哪一个是你呢？"父亲问女儿。

胡萝卜、鸡蛋和咖啡，它们一同被沸水煮后的命运是迥然不同的。这告诉了我们一个道理：当人们遭遇磨难时，对磨难的适应能力是不同的。对于弱者来说，磨难是一道难以跨越的门槛，是泯灭意志、甚至导致沉沦的深渊；而对于强者而言，磨难则是磨炼意志的训练场，是助其成长的必经之路。

当磨难不幸降临到你头上时，你该如何应对呢？你是胡萝卜、鸡蛋，还是咖啡豆呢？如果你想做一名意志坚强的强者，想缔造出类拔萃的人生，那么就不要害怕磨难、拒绝磨难，而是要学会感恩磨难，甚至不妨多经历一些磨难。像沸水中的咖啡豆一样，在磨难中展示出生命的馨香。

古往今来，多少英雄豪杰皆是经得起风浪、抗得住摔打，饱经磨难志愈坚，最终在磨难中成长成功的。例如，越王勾践"卧薪尝胆"十余年，受尽嘲笑和羞辱，终报国仇家恨，完成了复国大业；孙膑经受断足之刑，不得已靠装疯卖傻求生，最终也能手持《孙子兵法》运筹帷幄于沙场之上。

人生多舛，沧海横流，方显出英雄本色。风又如何？雨又如何？险又如何？难又如何？诚如孟子所言："天将降大任于斯人也，必先苦其心志，劳其筋骨，饿其体肤，空乏其身，行拂乱其所为，所以动心忍性，增益其所不能。"正可谓："自古雄才多磨难，从来纨绔少伟男"，"不经历风雨，怎能见彩虹"。

是啊，没有经历过狂风暴雨的禾苗永远结不出饱满的果实，没有经历过从高空摔打下来的雄鹰永远不能搏击长空……明白了这些道理之后，我们不仅要学会承受磨难，更要怀着一种感恩之情，主动迎接磨难，以检验自己的能力，提升自己的素质，创造出"自古雄才多磨难"的契机。

吕锋是一个一无背景二无关系的普通大学生，毕业后进入了一家净化器工程公司。但是参加工作后不到十年的时间，他已经成功地成为所在公司的副总经理，领导着一百余名员工，可谓春风得意，大有作为。究竟是什么样的力量支撑着吕锋取得如此显赫的成就呢？用吕锋自己的话说，即经受了"艰苦的磨炼"。

刚进这家公司时，吕锋只是一名普普通通的设计员，每天平平静静地上下班。不到一年，公司决定在开发区做一个新项目。开发区是一个很荒凉的地方，经济落后、交通不便，许多人都不愿意去。唯独吕锋迎难而上，主动要求去那里工作。每天早上他在磕磕绊绊的路上骑着一件破旧自行车，走街串巷，调查市场，进行策划，采购器材……在艰苦的条件下最终开创出了一个新市场。

过了两三年后，公司又决定开发一个新项目，而且依然是一个经济落后、交通不便的荒凉之地。这时，吕锋已经是公司技术部门的小组长，有了一批直属的手下，若不离开月薪将涨到一万元。但吕锋依然毫不犹豫地选择了接受新项目的开发。他之所以这么做，还是同样的原因：虽然那里的环境很艰难、任务很艰巨，却也可以让自己得到更加有价值的锻炼，拥有更广阔的发展空间。

就这样，虽然经历了一段又一段艰难的工作经历，但吕锋不仅积累了丰富的工作经验，而且还赢得了领导的高度信任，他先后被提拔为部门主任、技术总监以及副总经理。对于自己的成功，吕锋感慨道，"哪里有困难我就出现在哪里，困境是锻炼我的机会，也是改变命运的起跳板！"

"哪里困难我就出现在哪里"，吕锋之所以不畏惧艰苦的生存环境，因为他知道若想做一个出类拔萃的人，就要多经历些磨难。生存环境越是艰苦，越能磨炼人的意志，越能增加人的智慧。也正是因为经历了磨难，他积累了丰富的经验，工作能力得到了大大提升，最终迎来了事业的春天。

有一句很有意思的话："棉花堆里磨不出好刀子。"什么是"棉花堆"？顺通无阻的坦途！的确，棉花堆里磨不出好刀子，好刀子是在砺石上磨出的。什么是砺石？很简单，就是生活中大大小小的磨难。

磨难，磨炼了人的意志；磨难，磨炼了人的品质；磨难，磨炼了人的才智！感恩磨难，让我们用坚毅的信念、恢弘的气质、宽阔的胸襟去挑战人生的风浪，接受人生的磨难，从而让人生更加精彩，更加灿烂辉煌吧！

② 在漫漫寂寞中修行

　　每个人的机遇不同，然而在成功之前都有一个相同的必经过程——寂寞。寂寞是难耐的，寂寞是清苦的，寂寞的无聊的，寂寞是孤寂的，因此不少人抱怨寂寞难熬，耐不住寂寞，情绪容易躁动。比如，做学问的沉不下心搞研究，盼着买到一张百万彩票；当作家的不甘心埋头写作，希望能一夜之间成为名人……

　　殊不知，寂寞是一场漫漫的修行，是一种身心的考验。铁树沉寂六十年方开一次花，昙花积聚一个花期只为数小时的绽放。不在寂寞中奋发，便在寂寞中堕落；不在寂寞中升华，便在寂寞中糜烂；不在寂寞中永生，便在寂寞中腐朽。如果说寂寞是成功的根须，那么成功就是寂寞开出的花朵。没有根须，难开花朵。

　　为了寻得佛门真经，一个年轻人决定剃度为僧。剃度时，他信誓旦旦地向主持表示自己要皈依佛门，但才念了不到一个月的佛经他就受不了寺院的寂寞，还俗去了。一个月后，他一把鼻涕一把泪地要求重入佛祖门下。住持心生慈悲，就答应了。三个月后，他又嚷嚷说佛门冷清留不住人，又一次开溜。

　　年轻人如此闹腾了好几次，住持很是纠结，留与不留都是烦恼。

114

后来，住持想出了一条妙计，对年轻人说："这样好了，你不如在寺院门口开个茶馆，做个不染红尘的还俗和尚。"年轻人听了很是高兴，他还真的在寺院门口开了个茶馆，后来又讨了个老婆，开开心心地生活起来。当然，他也没领会到佛门真经。

这位年轻人一心想寻得佛门真经，却又不甘寺院寂寞的折磨，总是被红尘的繁华诱惑着，如此怎能静悟佛道的深奥呢？只能是半途而废。住持也实在是高明，像这种不甘寂寞、心无定力的人也只能安排他做一些半拉子的事情。

国学大师王国维曾说过，古今成大事业、大学问的人，都必须经历三种境界：一是"昨夜西风凋碧树，独上高楼，望断天涯路"的寂寞孤独；二是"衣带渐宽终不悔，为伊消得人憔悴"的执着和坚持；三才是"众里寻他千百度，蓦然回首，那人却在灯火阑珊处"的辉煌和成功，寂寞的妙处可见一斑。

所以，面对寂寞，我们应该学会正视，学会感恩。寂寞不是百无聊赖、无所事事，更不是所谓的孤独或寂灭。寂寞的意义在于：守住精神的底线，不为浮躁左右，安静躁动的心神，熨帖狂乱的灵魂。凭借一己良知和理性，在寂寞中坚守、进取、升华，完成对生命的认识和诠释，使人生不再寂寞。

38岁时，李时珍被荐为太医院的院判，他一头扎进书堆，夜以继日地研读、摘抄和描绘药物图形，努力吸取着前人的医学精髓。而此时太医院上下已经被搞得乌烟瘴气，原来那些院判们都在做可以养生不老的仙丹。哪有什么可以让人不老的仙丹呢？李时珍劝说众人停止这种荒唐行为，但他们给出的解释是——既然皇上喜欢，何不就此取悦皇上，以获取功名利禄呢。因为功名利禄居然泯灭了行医之道，李时珍不想这样，一年后毅然告病还乡。

回到家后，李时珍没有在家过衣食无忧的生活，他认识到"读万卷书"固然需要，但"行万里路"更不可少，便外出采访。在那些日子里，李时珍穿上草鞋、背起药筐，在徒弟庞宪、儿子建元的伴随下，远涉深山旷野，遍访名医宿儒，搜求民间验方，观察和收集药物标本。期间，他们的足迹遍及河南、河北、江苏、安徽、江西、湖北等广大地区，以及牛首山、茅山、太和山等大山名川。

远离了人间的喧嚣，每日面对巍巍群山、青青悠草，无疑是寂寞的。但李时珍耐得住寂寞，先后历时27年，最终通晓了许多药物的疑难问题。完成了十六世纪为止我国最系统、最完整、最科学的一部医药学著作《本草纲目》的编写工作，该书被达尔文赞为"中国古代的百科全书"。

李时珍撰写医药典籍，历时二十九年，期间他访遍名山大川，尝遍百花野草，终于著成惊世骇俗的医学巨著《本草纲目》，正可谓"古来圣贤皆寂寞"。试想，如果他与众多的太医院判同流合污，为功名利禄所诱惑，或者不能忍受远涉深山旷野，遍访名医宿儒的寂寞，哪还能取得如此巨大的成就呢？

"静中念虑澄澈，见心之真体；闲中气象从容，识心之真机。""万物芸芸，各复归根，归根曰静，静曰复命。"这些话无不是在启发我们：寂寞，是思想上的考验，是精神的历程。红尘喧嚣，人海浮沉之余，耐得住寂寞，经得起诱惑，心灵才得其正，浮华归于沉寂，精彩方才体现。

成功要耐得住寂寞。

人生要耐得住寂寞。

请记得，"人间没有永恒的夜晚，世界没有永恒的冬天"，不要苦恼，不要气馁，因为沉沉的黑夜是黎明的前奏，短暂的寂寞是成功的动力。

③

每一份成功背后都有相同的坚持

事例一：

苏格拉底是古希腊著名的哲学家，有不少学生曾经拜师于他。一天，苏格拉底给学生们出了一道简单的考题：每天甩臂300下。一年以后，当苏格拉底问及谁坚持每天做甩臂运动时，只有一个学生孤零零地把手举了起来，这个学生叫柏拉图，他后来成了古希腊又一位伟大的哲学家。

事例二：

有一次，有人问小提琴大师弗里兹·克赖斯勒："你怎么演奏得这么棒，是不是运气好？"弗里兹·克赖斯勒微微一笑，回答道："这一切都是练习的结果。如果我一天没有练习，我自己能听出差别；如果我一周没有练习，我的妻子能听出差别；如果我一个月没有练习，观众能听出差别。"

这两个小故事告诉我们一个道理：每一种成功的背后，都有不为人知的心酸，但每一种成功也都有个共同的秘诀，那就是坚持不懈。如果怕苦怕累，没有恒心和毅力，两天捕鱼三天晒网，到头来只能一事无成。

的确，成功不是一件容易的事情，往往需要一个漫长的过程，我们必须要有坚持不懈的劲头，坚持是克服一切困难的钥匙。打个形象的比喻，精美的金子不是生来就闪耀的，有被埋藏旷野，被淹没泥沙的时候。唯有坚持不懈地打磨和历练，金子才有可能有一天发出炫目的光芒。

在这个世界上，平庸的人和杰出的人不同之处就在于能否坚持。美国纺织品零售商协会曾经做过一项研究，结果显示："48％的推销员找过一个人之后便不干了；25％的推销员找过两个人之后也不干了；12％的推销员找过三个人之后仍然选择继续干下去，而80％的生意是这12％的推销员做成的。"

也许你会说"我一直都想成功，也试过了很多次，但一直都没有好的结果。"很多次是多少次？上百次，几十次，还是只有几次？成功的道路太艰难，路途太坎坷，而坚持不懈意味着一直一直坚持下去。有时候，往往成功离我们只有一步之遥，然而坚持者胜利了，动摇者退缩了，给自己留下终身遗憾。

有一幅漫画是这样的：一个人想挖一口井取水，他前前后后总共挖了五个洞，却都没有找到水。前三个洞所挖的深度，一个不如一个，第四个洞是当中最深的，离地下水仅有咫尺之遥。而最后一个洞眼看就要挖到了水，只要再坚持一下就能够挖到水，但是他似乎再也没有心思挖下去了，扛着铁锹便离开了。挖了那么多的洞，却都没有一个能够坚持挖下去，怎么可能挖到水呢？若这个人有坚强的意志，能够坚持不懈继续将洞打通成井，那么他可以花少几倍精力，而且又能找到水，获得成功。

事实上，那些功业彪炳千秋的伟人，在受过别人无数次的否定和质疑时，丝毫不会舍弃自己的人生目标。他们的意志力更强一些，坚持力更久一些，并朝着这个目标不断努力，因此最终都取得了成功。这正如丘吉尔所说："我的成功秘诀有三个：第一是，绝不放弃；第二是，绝不、绝不放弃；第三是，绝不、绝不、绝不能放弃！"

有一位郁郁不得志的年轻美国人，他穷困潦倒，身上全部的钱加起来都不够买一件像样的西服，但是他有一个梦想，那就是当一名演员。于是，年轻人来到了好莱坞，找明星、找导演、找制片……找一切可能使他成为演员的人请求，但他一次又一次被拒绝了，有人说他长相不够英俊，有人嫌弃他没有接受过任何专业的表演训练……总之，人们说他不具备做演员的条件。

一晃两年过去了，年轻人还是没有如愿当上演员，但是他并没有因此而气馁。"既然不能成功当演员，能否换一个方法？"他想出了一个"迂回前进"的方法——写剧本，待剧本被导演看中后，再要求当演员。当时好莱坞共有500家电影公司，他带着自己的剧本去拜访所有公司。三轮的拜访，1500次的拒绝，可以耗费一个普通年轻人所有的热情与激情，但他并不是普通的年轻人，他决定开始第1501次的拜访。

终于，在第四轮拜访第350家公司的时候，奇迹出现了。一个曾经多次拒绝过他的导演感动了，同意投资开拍他的剧本，他也据此争取到了一个男主角的机会。为了这一刻的到来，年轻人已经作了充足的准备——他成功了！这部电影就是之后红遍全世界的《洛奇》，而这位年轻人即西尔维特斯·史泰龙。

西尔维特斯·史泰龙之所以能成为众人所知的巨星，正是因为他的坚持，耐心地开始下一次拜访，坚持，坚持，再坚持。假设在第三轮拜访之后，他就停住了第1501次的拜访，那么现在还有这个巨星吗？还有他参与的电影佳作吗？他还能成就自己的演员梦、电影梦吗？相信你我心中都有答案。

成功＝99%的汗水＋1%的机遇和天才，只有坚持不懈的努力才能取得成功。

"骐骥一跃，不能十步；驽马十驾，功在不舍。"如果你现在还没有发现机遇，还没有有所成就，那么不妨问一问自己"我坚持了吗"。然后提醒自己坚持不懈地去努力，并且坚持，坚持，再坚持，付诸持之以恒的努力，相信是金子总会发光的！这个成功原则可用，而且永远适用。

④ 你有无限潜力，为何惧怕压力

都市生活的激烈竞争，使我们承受着很大的压力。这些压力来自于各个方面：工作上的、学业上的、感情上的、经济上的……现在的年轻人最爱抱怨：压力太大了！在压力下，多数人情绪低落、心理焦虑，甚至有人感到几近窒息。不过，也有一些人能够在压力之下活得轻松自在，奋发图强，最终成就梦想。

我们不禁要问：难道这些人有什么异于常人的智慧？其实，这样的人如你我一样，都是普普通通的老百姓。只不过，他们能够勇敢地面对压力，善于把压力置于自己的背后，让其成为一种推动力，迫使自己不断前进。是的，没人随随便便就能成功，成功的原动力就是巨大的压力。

一艘货轮卸货后在返航的时候，突然遭遇巨大风暴，大家都惊慌失措了。就在这个危急时刻，老船长果断下令："打开所有货舱，立刻往里面灌水。"往货舱里灌水？水手们惊呆了，这个时候本来就危险，怎么还能往里面灌水呢？险上加险，这不是自己给自己找麻烦吗？不是自寻绝路吗？

只听，老船长镇定地解释道："大家见过根深干粗的树被暴风刮倒过吗？被刮倒的是没有根基的小树。"水手们半信半疑地照着做了，虽然暴风巨浪依旧那么猛烈，但随着货舱里的水越来越高，货轮渐渐地平稳，不再害怕风暴的袭击了。

大家都松了一口气，纷纷请教船长是怎么回事。船长微笑着回答道："一只空木桶很容易被风打翻，如果装满了水，风是吹不倒的。一样的道理，空船是最危险的，给船加点水，让船负重才是最安全的时候。"

空船是最危险的，给船加点水，让船负重才是最安全的时候。其实，人心何尝不是呢？心头放着一定的压力，才能砥砺出稳健的脚步。如果像一艘空船一样完全没有负担，那么一场人生的风雨就能将之彻底打掀翻。在生活中，在这个充满竞争的社会里，谁要是拒绝害怕压力，谁就注定无法生存。

有一位哲人说过："要想有所作为，要想过上更好的生活，就必须去面对一些常人所不能承受的压力，你得像古罗马的角斗士一样去勇敢地面对它、战胜它，这就是你必须走的第一步。"

美国麻省的艾摩斯特学院曾经做了一个很有意思的实验：

实验人员用很多铁圈把一个小南瓜整个箍住，然后观察当南瓜逐渐长大时，能够承受铁圈多大的压力。最初他们估计南瓜最大能够承受大约500磅的压力。在实验的第一个月，南瓜承受了500磅的压力；实验到第二个月时，这个南瓜承受了1500磅的压力；当它承受到2000磅压力时，研究人员必须把铁圈捆得更牢，以免南瓜把铁圈撑开。最后整个南瓜承受了超过5000磅的压力，瓜皮才发现破裂。

最后的实验是，实验人员把这个南瓜和其他南瓜放在一起，试着一刀剖下去，看质地有什么不同。当别的南瓜都随着手起刀落噗噗地被打开的时候，这个南瓜却把刀弹开了，把斧子也弹开了，最后这个南瓜是用电锯锯开的：它果肉的强度已经相当于一株成年的树干！因为在试图突破铁圈包围的过程中，这个南瓜正在全方位地伸展，吸收充分的养分，最终南瓜的果肉变成了坚韧牢固的层层纤维。

　　假如南瓜能够承受如此庞大的压力，那么我们人类又能够承受多少压力呢？南瓜试验告诉我们，大多数的人能够承受的压力往往超过自己的预期。同时也说明，只要我们积极应对，人们的承受力将会是潜力无限的。如果能够用积极的态度和行动去应对压力，就能将压力化为成长的动力。

　　因此，压力不是什么大不了的事情，关键的是我们如何看待。在压力面前，勇敢地去面对，并能把压力化作动力，从而迫使自己不断前进，压力就成为了成功的催化剂。我们要想在激烈的职场竞争中取胜，在工作的方方面面做到精益求精，就必须学会与压力共存，化压力为前进的动力。

　　从这个意义上说，我们需要好好感激压力。只要是自己能够承担的压力，那么就不妨在一段时间内，让压力来得更加猛烈些吧！像铁圈下的南瓜一样承受压力，敢于负重，勇于负重，善于负重，我们会因这近乎残酷的负重洗礼而变得更加强大，实现从焦虑到安然，从平庸到成功的跨越。

第三辑

用慈悲的心温暖这美好人生

　　凡世中熙攘纷争，所以做人要慈悲友爱：发自内心地关怀别人，理解他人的立场和感受，温和宽容地对待一切。慈悲之光胜过千言万语，它能点亮众生内心深处的心灯，使心灵之间的间隔与怨恨顿时消失于无形。心怀慈悲，正念正行，淡然而无畏，慈悲而祥和，无往而不胜。

第7章

倾听是一种慈悲的修行

我们每个人都需要呼吸，无论身体还是心灵。当你倾听一个人谈话的时候，分享他内心情感的时候，你就给彼此的心灵都注入新鲜的氧气。口吐莲花，不如细细聆听。在倾听过程中抱以同情和关注，你就是一个慈悲的付出者，你也将因此感受到生活的美好。

1

给爱人耳朵：倾听是最好的方式

妻子忙碌了一天，拖着沉重的身子，一脸疲倦地回到家里。她看起来有些心烦意乱，她渴望同丈夫交流："亲爱的，这份工作真是累人，眼下我要做的事情太多太多了，我的私人时间少得可怜！"

丈夫一边看电视，一边心不在焉地答应着："嗯！"

妻子还在不停地和丈夫说话："不过，我很喜欢这份工作。问题在于，老板对我的期望值很高，希望我在短时间内改变一切！我相信只要我好好努力一段时间，熟悉了这份工作之后，到时候就不会这么累了。"

丈夫还在看电视，默不作声。

妻子看着丈夫，微微地皱了一下眉头，"对了，我今天太忙了，居然忘记了给母亲打电话！她前段时间身体有点不舒服，我想给她打电话，问问她好些没有。但是现在这么晚了，估计她已经睡下了吧？"

丈夫似乎有些不耐烦，说道："真是的，你也太操心了！"

妻子有些火了："你是块木头呀，你能不能关心我一下呀，你是不是烦我了？"

丈夫一听，也不相让，说："我工作也很累，回到家你还这么唠叨，一点都不知道体谅我。"

妻子更生气了："连话都不让说，这算什么夫妻，不想一起过就别过了。"

于是，两人开始争吵起来。

生活中，这样的情景经常可以见到：在办公室紧张地工作了一天，回家后还听到爱人滔滔不绝地在耳边讲述他（她）在工作中发生的各种事情。这时候，勉强听下去会让自己觉得很心烦，而失去耐心又会导致争吵，甚至影响夫妻感情。忽视了倾听也就阻碍了沟通，这在婚姻里是最要不得的。

每个人都渴望得到别人的关注。如果高兴，希望全世界的人都来分享；如果悲伤，希望有人来问候："你怎么啦？遇到什么不好的事？"爱人之间最重要的责任并不是让对方吃饱、穿暖，不饿着、不冻着，而是让对方的心灵感受到安全和温暖。这并不需要我们做很多，倾听是最好的方式。

事实上，几乎每个人遇到什么高兴或烦恼的事后都有一份渴望，那就是希望能和爱人分享自己的情绪，渴望得到爱人给予的首肯和评价、理解和支持。有不少人认为，和爱人倾诉，交流感情，谈论诸事，是一种彼此信任、亲密无间的表现，而倾听，就是分担彼此的脆弱和痛苦，就是彼此关爱、相濡以沫。

　　因此，我们要学会"借"给爱人一双耳朵，细细地倾听爱人一天的所听所见所思所想，不管是好的还是坏的，这都是一件令对方感觉舒服的事情，也会让对方产生一种被重视、被关爱的幸福感。爱人会为此心存感激，他（她）会感觉到两人的距离拉近了，有一种心贴心的温暖，一种手拉手的踏实，夫妻间感情也会更深厚。

　　刘珊是一个非常幸福的女人，她和丈夫结婚六年了居然还甜甜蜜蜜如同新婚夫妇一般，这真是让人羡慕，于是朋友们纷纷向刘珊询问婚姻保鲜的秘诀。刘珊说，"我哪里有什么秘诀呢？我们之间只是多了一个约定。"

　　朋友们好奇地问，"条约？不会是财产划分吧。"

　　"不是"，刘珊笑着摇摇头说，"刚结婚时，我老是一个人喋喋不休地说，但却不想听他说什么。后来，等他真的不再说什么时，我一个人再说话也就没有意思了。下班回到家，两人你看你的杂志，我玩我的游戏，就像陌生人一样，各干各的，互不干扰，当时觉得婚姻生活太没有意思了。"

　　"后来"，刘珊顿了顿，继续说道，"我们觉得婚姻不应该是这样的，于是便有了一个约定，即无论工作多忙多累，都要留出半小时和对方说一下自己当天经历的一些事情、自己的想法。这些年里，我倾听他，他也倾听我，我们对彼此更加了解，不仅很少出现矛盾，而且感情越来越深厚。"

诉说和倾听，是彼此的需要和被需要，是彼此在对方心里都是不可或缺的。为此，我们不妨定一个"沟通日"，约定每周，或者每月有一两次固定的沟通时间。到时把所有的牵绊都斩断，把杂事都放下，给爱人耳朵，你诉说我倾听，心平气和地交流彼此的快乐、烦恼、情绪、工作、生活等等，这样的交流至关重要。

事实上，倾听爱人不仅给爱人提供了倾诉机会，而且也是自己的一种宝贵资产。因为聆听才能了解，随着真诚实意的倾听，爱人的内心世界就此朝你敞开，他（她）的生活经历、喜怒哀乐、心理活动、私人秘密等你都了如指掌。这是一种"知己知彼，百战百胜"的境界，如此婚姻中还有什么问题不能解决呢？

当然，倾听是倾"心"地听，而不是只用耳朵不用心。只有当你用心去听的时候，对方才能敞开心扉，说出真正想说的话。"你怎么这么懒？""你这个酒鬼，离开了酒，你就活不了吧？"这些话的主人可能是不满你的"一只耳朵进，一只耳朵出"的不屑态度；如果你用心听，他（她）要说的可能就是："我太累了，你能不能帮帮我？""你老这样喝酒，我担心你的身体。"

另外，爱人在倾诉时只是想表达一下一天的感受，体验舒适和亲密的感觉，不一定需要答案。这时候，千万不要直接打断对方，或者迫不及待地下判断或评价，也不要急着针对爱人的问题和困惑开始提供一系列的解决方案。这不仅不是在帮助对方解决问题，反而是在惹恼对方。最好的办法是，耐心地听完爱人的叙述，等对方情绪稳定后，再帮他（她）找出解决问题的办法。

当你遇到高兴的事情，或者当你在工作或是人际关系中受挫时，你在第一时间最想告诉谁？你回答完这个问题后，再去问你的爱人。如果你们的答案分别都是对方，那么请好好珍惜这一份爱；如果你们的答案曾经是对方，那么就要好好想想，你们为什么失去了彼此诉说和倾听的机会。

2

做孩子最耐心的听众

大多数年轻父母在生活上对孩子十分关爱，可是当孩子遇到什么问题，渴望诉说时，父母们却总是忙着做其他的事情，心不在焉。稍不如意就不让孩子把话说完，轻则斥责，重则打骂，而不去了解其中的缘由。

殊不知，父母这样的做法往往容易导致孩子出现性格孤僻、不擅长与人交流、没有主见等问题。一份调查显示：80％的儿童心理问题和家庭有关，特别是与父母对孩子的教养和交流沟通方式不当有关。这是为什么呢？

孩子是一个独立的个体，随着年龄的增长，他们的思维一直在向大人靠近。他们开始独立地思考遇到的每一件事，并逐渐对大人世界的事产生了自己的想法和观点，孩子主动和父母谈到自己的事情，是对父母的信任和依赖，是想从父母那里得到解答和安慰，这是一种高层次的精神需求。

这时，父母如果拒绝倾听孩子，忽略或压制孩子的想法，无疑会挫伤孩子独立思考的积极性。孩子会有严重的失落感和缺乏交流的压抑感，以后再有了自己的想法也不敢说出来，因为害怕被拒绝、被批判和嘲笑，久而久之他们就会变得沉默寡言，身心变得不健康。而当孩子把自己的话埋藏在心里时，做父母的就很难知道孩子的所思所想，以致双方互不信任，产生对抗情绪，沟通困难。

要想避免上面提到的种种不良后果，身为父母者就要留一些时间给孩子，做孩子的听众，倾听孩子的心声。这不会浪费你多少时间，而你又多了一个了解孩子、教育孩子的好机会。孩子在成长过程中，需要父母陪伴，也需要指导，你可以根据孩子说的话进行针对性的教育，孩子理解有偏差的地方，你可以纠正；孩子看法片面的时候，你予以补充。这样，孩子各方面能力都能得到提高，何乐而不为呢？

倾听，是父母与孩子心灵沟通的一座桥梁，它不仅是一种对孩子的尊重、同情和爱护，而且也是一种与人为善、慈悲为怀的做人态度。当父母愿意做孩子的听众，倾听孩子的心声，能够耐心倾听他们的话语，了解他们的意见或问题，在通往孩子的心灵之路上就架起了一座爱的桥梁。

德国教育学家卡尔·威特就曾这样说："我认为倾听是一种非常好的教育方式，因为倾听对孩子来说是在表示尊重，表达关心，也促使孩子去认识自己的能力。如果孩子感到他能自由地对任何事情提出自己的意见，而他的认识又没有受到轻视和奚落，他就变得毫不迟疑，无所顾忌地发表自己的意见，先是在家里，后是在学校，将来就可以在工作上，自信勇敢地正视和处理问题。"

那么，父母如何做好孩子的听众呢？

一、给予孩子足够的时间

身为忙碌奔波的上班族，我们每天都有做不完的工作，或者应付不完的事情，但是，当孩子主动和你表达自己对某个人或每件事的想法和观点时，无论你手头在忙什么，最好停下来，给予孩子足够的时间，告诉孩子："我很想了解你的想法，我们一起聊一聊。"然后耐心地倾听孩子吧。

当然，如果你当时确实没有时间，你可以说："我必须把手头上的工作做完，我们可以聊上 15 分钟。"你也可以和孩子约一个时间，下次再谈，比如这样说："我现在很忙，但是我们可以在你睡觉前好好地聊天。"最重要的是你要做出某种暗示，你对孩子很关心，认可孩子的感情。

二、不要打断孩子的话

一天，一名记者访问一个 5 岁小男孩，问他："你长大后的理想是什么呀？"小男孩天真地回答："我要当飞机的驾驶员！"记者接着问："如果有一天，你的飞机飞到高空，可是所有的引擎都熄火了，你会怎么办？"小男孩想了说："我会先告诉坐在飞机上的乘客绑好安全带，然后我系上降落伞跳出去。"

听到这里，周围的大人们纷纷窃窃私语小男孩真自私，只顾自己不顾大家。男孩听了似乎很委屈，两行热泪夺眶而出。记者继续注视着这个孩子，问他"为什么你要这么做？"男孩说："我系上降落伞不是去逃命，而是去找一架油多的飞机，让它把多余的油给我们的飞机加上。这样，大家就得救了。我还要回来！"

这位记者鼓励小男孩把话说完，了解到了小男孩内心真挚的想法，这就是"听的艺术"。听孩子的话不能只听一半，而要耐心地等他把话说完，千万不要没等孩子把话说完，就"以大人之心度孩子之腹"，主观地做出判断，以免误解孩子，错怪孩子。这个故事，父母应常常拿出来扪心自问："今天，我听完孩子的话了吗？"

三、听懂孩子的"潜台词"

由于语言能力有限，也许是出于自卑的需要或是别的一些原因，孩子在与父母沟通时并不总是把他们的想法或需求表述得清清楚楚、直截了当，他们也许会采用一种委婉含蓄的表达方式向父母暗示。因此，父母在倾听时一定要细心，要注意孩子没有明说出来的事情，学会听懂孩子的"潜台词"，这样你才能更好地了解孩子的内心想法，才能促使你和孩子的沟通更加顺畅。

如果孩子回家后对你说："妈妈，今天老师表扬王欢了。"你的反应可能是：老师为什么表扬王欢没有表扬你，你要向王欢学习啊……这就是没有理解孩子的真正意思，还容易激化孩子的不快。孩子讲这件事的目的只是想表达一下他的情绪，希望得到一些安慰和鼓励。为此你不妨这样回应："哦，是吗？王欢是你的好朋友，她受到老师的表扬，你替她高兴吗？你表现得也很好，老师下次肯定也要表扬你了！"

总之，孩子虽然小，但他们也有独立的人格尊严，有表达内心感受、阐述自己看法的自由，而且孩子向父母敞开心扉的程度完全取决于父母倾听他们谈话的态度。做好孩子的听众，倾听他们的心声，理解其心情和感受，也就踏出了引导孩子们走向自立的第一步，你的子女教育将会更高效、更成功。

③

听出父母唠叨背后的心声

父母常在儿女的面前唠叨个不停："天气凉了，当心身体"、"难得找到一份合意的工作，你要好好干啊"、"听说你找了个对象，带来让家人看看"、"不可以抽烟、喝酒"……年轻人呢？大多数对于父母的唠叨不胜承受，总在三心二意地听着，敷衍了事地做着，且因此而产生反感。

曾经看到关于一对父子的故事：

年迈的父亲和儿子一同在花园里乘凉，树枝上一只小鸟唧唧喳喳叫个不停。父亲问儿子："儿子，那是什么？"儿子说："一只麻雀。"过了一会儿，父亲又问："儿子，那是什么？""一只乌鸦"，儿子放大了音量。然而，过了一会儿，父亲又问出了同样的问题。"那是乌鸦，听到没有，乌——鸦！"有些不耐烦的儿子大声喊道。

父亲没有再说话，掏出一本发黄的日记，轻声念道："今天我陪儿子在树下做游戏，一只小鸟在树上唧唧喳喳。儿子兴奋地问我：'爸爸，那是什么？'我说那是一只麻雀。过了一会儿，儿子又问'爸爸，那是什么？'我又告诉他，那是一只麻雀。也许那只麻雀太可爱了，儿子一直看个不停，于是也就一直问个不停，一共问了25遍。每次我都耐心地告诉他，我希望他能记住。"

听了父亲的描述，儿子泪流满面，心里顿时充满了愧疚和自责！

面对生活和工作上的压力，年轻人背负了太多的沉重和无奈。有时候父母的唠叨确实让我们觉得心烦，但是小时候我们也曾这样"烦扰"过父母，而父母却不厌其烦地一遍一遍满足了我们。那么，我们是否应该像当年的他们，那么在意地、用心地倾听重复的话，倾听他们心中的声音呢？

唠叨，或许是他们的一种生活习惯，或许是他们对儿女的一种惦念，或许是他们与我们交流的一种方法，或许是他们认为能为我们做的最直接的事。每一句唠叨都是亲情的流露，是情感的释放，是一种爱的表达。所以，我们不应嫌弃他们、疏远他们，而应抱着感恩包容之心，理智谦和之态，善待父母，倾听他们的唠叨。

更何况，父母的话语都是经验之谈，是数十年人生积攒下来的人生道理。父母都是抱着望子成龙、望女成凤心态的，希望我们少走不必要的弯路，作为子女，不是应该努力去实现他们的期望吗？古语说得好"有则改之，无则加勉"，只要我们能够努力做好自己，面对生活工作中的种种困难完全能够应付，让父母找不到担心的理由，那么父母就会因我们而骄傲，唠叨也就不会很多了。

当然，倾听父母的最好方式是听听他们的人生故事，询问他们的一生曾经发生过什么，他们心中有什么愿望，哪些愿望实现了又还有哪些遗憾等。"你知道父母喜欢吃什么？"这是一个非常简单的问题，但是你能说出来吗？你是否曾经倾听过父母的需要？你是否真的了解父母？

一天，一位小学老师问孩子们：“你们知道父母最喜欢吃什么吗？”孩子们想了很久都想不出来。老师又问：“那父母知道你们最喜欢吃什么吗？”孩子们的愁容顿时一扫而空，兴奋地举手说：“知道！他们知道我最喜欢吃这个，他们知道我喜欢吃那个……”一连串数出十多种。老师又问：“为什么父母知道那么多你们喜欢吃的，可是父母喜欢的你们一样也不知道，这样对父母公平吗？”

比尔·盖茨曾说过：“在没有你之前，你的父母并不像现在这样乏味。”的确，在没有我们之前，父母有自己的梦想，因为我们的出生，他们不得不去拼搏，不得不去放下心中的梦想。父母也渴望着孩子的关心，他们一生的艰辛希望有人倾听，他们的心结也需要有人纾解，当他们感到真正被倾听和了解了，心中就自然会感到平静、幸福了。

在电影《心灵点滴》里，医学院实习生帕奇接收了一位名为甘乃迪太太的病人。她整天郁郁寡欢，连续三周都不肯吃东西，无论儿女如何央求，无论医师如何劝解，都无法说服她进食，直到帕奇的出现。帕奇认为医院冷冰冰的机械会使病人感到孤独无助，他试图了解每一个病人的内心。

当帕奇问甘乃迪太太有什么愿望时，老太太有些害羞地说：“我从小就有一个最大的愿望，就是在装满意大利面条的水池里洗澡。”别的医生都觉得这无比荒诞可笑，但帕奇立刻组织人员布置了一个放满了意大利面条的充气泳池。老太太在里面痛痛快快地圆了“在面条温水泳池游泳”的美梦，之后她终于开始吃东西了，而且在她的生活中重新充满了微笑。

相信，每个父母都希望拥有像帕奇一样的儿女。

来吧，试着倾听父母的唠叨絮语吧。与父母好好的谈心交流，让他们说说自己的心声，听听他们心中的独白，好好了解一下，一点一点进入他们的内心世界，这是给父母最好的礼物。你会发现，这足以让他们喜笑颜开，而且他们心底的声音会是人间最美的天籁之音，在平凡的日子陡增了动人光彩……

在生活中，有些人不喜欢倾听别人的意见，喜欢将"我很早就明白了"、"不用说了，我知道了"之类自满的话挂在嘴边。殊不知，这不仅是对别人的一种不尊重，而且还会导致"满招损"的悲剧，画地为牢。

爱迪生一生仅仅接受过3个月的正式教育，却在有生之年获得了1000项的发明专利。然而，如此伟大的爱迪生，在他晚年时也曾出现过"败走麦城"的一刻，原因就在那时的他骄傲自满，听不进别人的意见。

当白炽灯彻底获得市场认可后，爱迪生的电气公司开始利用电力网输送直流电。当时交流电也开始崭露头角，发展交流电技术的威斯汀豪斯公司想通过这项技术与爱迪生合作，可是爱迪生固守于直流电方面的认知，根本不承认交流电比直流电强，拒绝了威斯汀豪斯公司的合作请求。

自谋出路的威斯汀豪斯公司一度几近破产，然而谁也无法阻止事物的发展规律，"交流电"终以锐不可当之势浮出水面，赢得了世人的认可。在铁的事实面前，爱迪生终于承认自己错了，交流电的确要比直流电强得多。

因为不愿意听从威斯汀豪斯公司的建议，爱迪生使自己的人生留下了遗憾。"满招损，谦受益"，这是《尚书》里的两句话，寥寥六字，言简意赅，就是提醒我们要多向别人学习，不耻下问。"三人行必有我师焉"，孔子这样的千古圣人尚能如此，何况吾辈凡夫俗子了。

大海不择细流，故能成其汪洋；泰山不择尘土，故能成其崔嵬。这是一个不断变化的时代，也是一个不断更新的时代，每个人的知识和思路都是有局限性的，认真倾听别人的意见，时刻接受新的思想和智慧，尤为重要。

在这里，我们需要提及一个归零心态，也可以称之为"空杯心态"。其含义富有哲理，即一个装满水的杯子很难接纳新东西，所以如果想获得某方面的进步，需要先要把自己想象成"一个空着的杯子"，而不是一个装满水的杯子。

一位学者去一个寺庙拜访一位德高望重的老禅师，请教什么是禅。年轻人自认为自己各方面的造诣很深，对大师侃侃而谈，言谈之间甚至流露着傲慢之情。老禅师以茶相待，可是在倒茶时明明杯子已经满了，他却没有停下来的意思。

学者在一旁，嚷道："大师，茶已经满了，别再倒了。"

老禅师轻轻一笑，说出禅机，"是啊，既然杯子已经满了，水怎么还能倒得进去呢？你就像这只茶杯一样，你的头脑里装满了你对禅的看法和想法却来问我。如果你想让我说什么是禅，你得先把自己的杯子空出来啊。"

"先把自己的杯子空出来"，一语惊醒梦中人。假如我们面前的杯子是满满的，怎么斟得下更多的茶呢？在对待知识的求索上，我们一定要学着倒空"杯子"中的自满和固执，倒空"杯子"中的偏见和自私，善于倾听别人的意见。不耻下问，谦虚好学，我们才能取到"真经"，掌握真才实学，做时代的弄潮儿。

的确，多听一次别人的意见，就等于增加了一份学识。比起那些高高在上的成功者，大多数人本来并不缺少什么：学历、知识、履历、经验……或许我们的思想境界比他们更高，或许我们比他们懂得更多更多，可是重要的一点是：在倾听别人意见这一方面，他们做得要比我们好得多。

亚伯拉罕·林肯出生于肯塔基州一个贫苦的农民家庭，青年时期他先后当过伐木工、船工、店员、邮递员，这些经历使他对普通人民群众有深厚的感情。出任美国总统后，为了不和民众之间拉开距离，林肯始终善于倾听民众的心声。

为此，林肯在白宫外面度过的时间要比在白宫多。他常常不顾总统礼节，在内阁部长正在主持会议时走进去，悄悄地坐下来倾听会议过程；他不愿坐在白宫办公室等待阁员来见他，而是亲自前往阁员办公室，与他们共商大计。而他在白宫的办公室，门总是开着的，政府官员、商人、普通市民们等人想进来谈谈都可以。众多的来访者使保卫工作非常难做，忠心执行职责的保卫人员常常会抱怨，林肯解释道："让民众知道我不怕到他们当中去，他们也不用怕来我这里，这一点是很重要的。"

林肯不管多忙也要接见来访者，甚至还鼓励人们来访。1863年，他写信给印第安纳州的一个公民："在言谈中，用耳朵比嘴巴强。我一般不拒绝来见我的人。如果你来的话，我也许会见你的。告诉你，我把这种接见叫'民意浴',因为我很少有时间去读报纸,所以用这种方法搜集民意。"

谈起自己的"民意浴",林肯曾感慨地这样说:"虽然民众意见并不是时时处处都令人愉快,但这种倾听让我获得了来自各界的声音。不仅缩短了我与百姓的距离,加深了彼此的感情,而且激发了人民参与国事的主动性和积极性。总的来说,其效果还是具有新意、令人鼓舞的。"

从林肯的"民意浴"可以看出他与众不同的领袖气质和精神境界,这使他成为了深受民众欢迎的总统。更重要的是,他倾听了民众之后,获得了比别人更多的信息,克服了自身的心理定式,进而能够制定出英明的决策,从而更接近成功。妙在倾听、神在倾听、贵在倾听、赢在倾听。

另外,倾听别人的意见时,就算你不同意对方的意见,不采纳对方的意见,也要诚心诚意地尊重对方的意见,并且让对方感受到你的尊重。聆听和尊重比采纳更为重要,这不仅可以体现出一个人"海纳百川"的襟怀,还可以彰显出一个人与人为善的修养,是我们应持的正确的处世态度。

总之,时常接受新的知识,让自己保持活力和进步,这对于都市人士至关重要。随时倒空自己的"杯子",用心地倾听别人,虚心地向别人请教,在他人的观点中完善自我,提高自我。这不是一朝一夕的事情,但是坚持做下去,你就会产生非常大的变化,进而获得安宁平静的生活。

4

倾听比表达更有效

上帝仅仅赋予了我们每个人一张嘴，却同时给予了我们两只耳朵，这是在委婉地告诉我们：倾听比表达更重要。然而实际生活中，很多人只知道表达自己，而不懂得倾听。常常会碰到这样的朋友聚会。一位朋友因春风得意，有些居高临下，满座听他一人高谈阔论，容不得别人插话，结果虽夺了风光、却失了人心。

事实上，人人都有表现自己、表达自己的欲望，都希望获得别人的尊重，受到别人的重视，而倾听所传达的正是一种肯定、信任、关心乃至鼓励的慈悲，即便你没有给对方提供什么指点或帮助，也会给对方留下思想深邃、谦虚柔和的印象，对方也会感激你，支持你，保你能成为很好的社交明星。

马里兰是他所在朋友圈中最受欢迎的男人，无论他走到哪里都很受喜欢，经常有朋友请他参加各种聚会、共进午餐。当他在生活和事业上遇到困难时，也总有许多人愿意给予他帮助。这令朋友蒙特罗很不能理解。

这天，蒙特罗和马里兰一起参加一次小型社交活动。席间，他发现马里兰正在和一个漂亮的女士坐在一个角落里交谈。蒙特罗还发现，那位女士一直在说，而马里兰好像一句话也没说，只是有时笑一笑，点一点头，仅此而已。看上去他们聊得非常愉快，那位女士还几次主动邀请马里兰一起跳舞。

活动结束后，蒙特罗问马里兰："那个女士真迷人，你们以前认识吗？"

马里兰摇摇头说，"今天是我第一次见她，是别人介绍我们认识的。"

"是吗？"蒙特罗明显有些惊讶，"她好像完全被你吸引住了，你是怎么做到的？"

马里兰笑了笑，语气中掩饰不住喜悦："很简单，我只对她说：'你的身材真棒，你是怎么做的？平时是注意保养，还是喜欢健身？'她说她每周都去健身房，'你能把一切都告诉我吗？'我问。于是，接下去的一个小时她一直在谈健身的事情。最后，她要了我的电话，她说和我聊天很愉快，还说很想再见到我，因为我是最有意思的谈伴。但说实话，我整个晚上没说几句话。"

看，这就是马里兰深受欢迎的秘诀。我们大家可能都有过这样的经历，当自己在说话的时候，是多么希望别人能够真正地认真倾听自己。当有人全神贯注地倾听我们所要表达的，用我们的思想和感情去思考时，我们就会感到自己被关注、被重视，对对方产生好感，愿意与之交往下去。

伊萨克·马克森可能是世界上第一等的名人访问者，他说："许多人不能给人留下很好的印象是因为不注意听别人讲话。他们太关心自己要讲的下一句话，以至于不愿意打开耳朵……一些大人物告诉我，他们喜欢善听者胜于善说者，但是善听的能力似乎比其他任何物质还要少见。"

古诗曰："风流不在谈锋胜，袖手无言味最长。"倾听是一种理解和接纳他人的高尚人品，是一种谦和大度的做人修养，也是说服别人、赢得人心的最好方法。静坐聆听别人，既不用耗费多少力气，又能了解到对方内心真诚的想法何乐而不为呢？无论你才能多高，请学会倾听别人；无论你能力多强，请懂得倾听别人。

不过，真正有效的倾听，不仅仅是耳朵的简单使用，还要眼到、嘴到、心到。倾听时心不在焉、神情恍惚，或者是不耐烦地东张西望，或者是机械地摆弄自己手里的物品等，都不是倾听的智慧，甚至称不上是倾听。要想有效倾听别人并不难办，你需要掌握一定的倾听技巧，不断地进行自我修行。

一、保持良好的精神状态

良好的精神状态是倾听质量的重要前提。因此你要努力维持大脑的警觉，使大脑处于兴奋状态，聚精会神、全神贯注地聆听，而且大脑思维要紧跟着对方的诉说走。如果你是在一个喧哗嘈杂的房间里和人谈话，你应当想方设法地让对方感觉到只有你们两人在场，尽量不要让其他的人或事分散注意力。

二、适时适度地作出反馈

谈话时，应善于运用自己的姿态、表情、插入语和感叹词以及动作等，及时给予对方呼应。比如，如果明白了对方诉说的内容，要不时地点头赞同；如果没有听懂或重点表达，可以用自己的语言重复对方所说的内容；还可以适时适度地提出问题。这会让说话者感到你理解他所说的话，能够给讲话者以鼓励，有助于双方的相互沟通。

三、一定要有足够的耐心

在倾听过程中，一定要有足够的耐心。这体现在两个方面：一是当对方说话内容很多，或者由于情绪激动等原因，语言表达有些絮叨甚至混乱，要鼓励对方把话说完，自然就能听懂全部的意思了；二是别人对事物的观点和看法有可能是你无法接受的，你可以不同意，但应试着去理解别人的心情和情绪。不要随意打断别人的话语，或者任意发表评论。

总之，倾听是一种尊重别人的礼貌，是对讲话者的一种高度赞美，倾听能使别人喜欢你、信赖你。就像一位作家所说："倾听意味着对别人的话持精神饱满和感兴趣的态度。你应像一座礼堂那样倾听，在那里，每一个声音都更饱满、更丰富地返回。"

第8章

换位思考是一种胸怀

人与人之间最可贵的是换位思考，培养自己的同理心。体会他人的立场情绪和想法，理解他人的立场和感受，并站在他人的立场处理问题。不管风吹浪打，你都能做到化万丈巨浪于无形，保持闲庭信步的雅兴。如此，你也就不知不觉地脱离了平庸和俗气，心中涌出快乐的甘泉。

1

每个生命都不卑微

人与人之间是存在差异的，如有的人事业风光，有的人下岗失业；有的人腰缠万贯，有的人贫困潦倒……基于此，有些人习惯在不如自己的人面前大耍派头，威风凛凛，盛气凌人于无形，殊不知，这是一种不尊重他人的表现，只会招致别人的反感。

有一次，英国大文豪萧伯纳在苏联莫斯科访问，他在街头散步时见到一个非常可爱的小女孩，便与她玩了很长时间。分手时萧伯纳笑着对小女孩说："小姑娘，回去告诉你的妈妈，你今天和伟大的萧伯纳一起玩了。"谁知，这个小女孩儿也学着萧伯纳的口气说："好，你回去了也要告诉你的妈妈，你今天和伟大的苏联女孩儿安娜一起玩了。"

小女孩的话深深地触动了这位大文豪的心，他立刻意识到了自己的傲慢，并向小女孩儿道歉，两个人高兴地道了别。后来，萧伯纳每回想起这件事都感慨万千，他说："一个人无论有多大的成就，对任何人都应平等相待。"

人人都渴望平等，任何抬高和贬低自己的语言和行为，都会让他人感到不舒服。在现代礼仪中，尊重既是与人相交的基础，也是重要的原则。一个人无论有多么大的成就，都要在尊重的基础上，平等地对待每一个人。所谓尊重就是指以礼貌待人，既不盛气凌人，也不卑躬屈膝。

官职再大，地位再高，钱财再多又怎样，每个生命都不卑微，所有人的人格都是平等的。"法兰西第一帝国皇帝"拿破仑就经常告诫自己的部下："在这个世界上，没有无用之物，不管是什么东西，我们都不应该加以贬低。"

子曰："君子不重则不威"，重为庄重，不是自命贵重；威乃威严，绝非八面威风。那些取得伟大成就的人，无论居于何等高位，身份多么尊贵，他们都会以一颗慈悲之心，尊重身边的每一个人，这是一种伟大的品德。

尊重别人，就是对他人恭敬。当你具有这种品德时，你就会设身处地地为他人着想，考虑别人的感受和需求。"你希望别人怎样对待你，你就应该怎样对待别人",只有尊重别人,你才能收获尊重和欣赏。

有一回,苏联大文豪斯路肯夫在公园里散步时,看到一个衣衫褴褛的乞丐躲在公园的角落。因为很多人见到乞丐都会冷漠地走开,所以乞丐每次向人乞讨时都很不好意思。斯路肯夫很同情这位乞丐,便决定给他一些钱,但是他伸手翻遍身上所有的口袋,却找不着一分钱。

望着乞丐充满希望企盼的眼神,斯路肯夫很过意不去。他本想大步走开,摆脱这种尴尬,但是他觉得这样做有点不妥,于是便伸出手去,紧紧地握着乞丐那双脏兮兮的手,真诚地说:"真抱歉,我今天出来没有带钱。"

顿时,乞丐的眼中漾起了一种从未有过的满足感,他紧紧地握着斯路肯夫的手,感动地说:"先生,谢谢您。你已经给我施舍了,您不嫌弃我的肮脏和贫寒,您的握手就是对我最大最好的施舍了!"

乞丐并没有从斯路肯夫手中讨得一分钱,可是他却非常感激他。这是因为在别人都冷漠地离去时,这位伟大的作家并没有表现出丝毫的嫌弃之意。他发自内心的尊重,让乞丐原本伤痕累累的心有了些许温暖的感觉。

尊重是心灵和生命里最珍贵的礼物,最令人温暖和感动,尊重适合于任何场合。人可以有富足和贫困之分,但人格的高贵不会因为生活的境遇而发生改变,即便是生活在社会最底层的人们,对尊重也有同样的渴望。尊重每一颗心灵,给每一颗心灵以尊严,是我们每一个人都应该做到的。

❷

天堂与地狱的区别在于无私

孔子对"君子"有多处论述，其中讲到"君子成人之美"，是说君子应该以慈悲为怀，主动给予他人以无私的帮助，促其成事；成人之美，换成现在的话就是要"助人为乐"，这是做人的道德，亦是做人的修养。只为自己着想，从不考虑别人，是一个无情无知的人，这样自私的人最终也会害了自己。

有一个富人的女儿患上了一种十分罕见的疾病，看遍了全国所有的名医都没有效果。有一天，富人得知一位德国名医要来他所在的城市考察的消息，他又重新燃起了希望，通过各种社会关系联系这位名医，但是杳无音讯。

一天下午，外面下着大雨，突然有人敲门，富人非常不情愿地把门打开，站在门口的是一个又矮又胖、衣服湿透、样子狼狈的人。这人说："对不起！我迷路了，我能借用您的电话用用吗？"富人很不悦地说："对不起！我女儿正在休息，我不希望有人打扰她。"说完，便关上了门。

第二天早晨，富人在读报纸的时候，看到了一则关于德国名医的报道，上面还附着他的照片。天呐！他惊呆了！原来那位名医竟然是昨天敲门借用电话的那位矮胖男人，富人后悔莫及。

　　事例中的这个富人是自私的，他不想让任何人打扰他和女儿。也正是因为他舍不得借用电话给一个陌生人，却把本能救助自己女儿的医生拒之门外，而且这个医生还是他千方百计想联系却一直联系不上的人，他有多后悔可想而知。

　　成人之美，助人为乐，这是立身之本，是幸福之源。

　　一分耕耘一分收获，我们付出多少，相应地，就能回报多少。如果我们能够设身处地为别人着想，奉献一己之能，经常助人为乐，为别人提供方便，那么别人也会对我们慷慨大方，也会设身处地地为我们着想。当我们遇到难处的时候，别人也会为我们提供方便，彼此互助是心灵的妙药。

　　这就像姜太公曾经说过一句话："天下不是一个人的天下，而是天下人的天下。与人同病相救，同情相成，同恶相助，同好相趋。所以没有用兵而能取胜，没有冲锋而能进攻，没有战壕而能防守。"这意思就是说：我们爱人就是爱己，利人就是利己，助人就是助己，方便别人就是方便自己。

　　有一个年轻人因为一场车祸去世了，遇到上帝时他问："在我们的世界里，有许许多多的关于天堂地狱的说法，你能不能让我看一下真正的天堂与地狱是有什么区别？"上帝见年轻人很真诚，就答应了他的要求。

　　他们先来到地狱，年轻人感觉到浑身冷得瑟瑟发抖，地府中寒气逼人，看见的都是骨瘦如柴、饱受饥饿的灵魂。"为什么他们都这么瘦呢？好像终日没吃饱的样子。"年轻人有些害怕地问上帝。

"你看那边！"此时，一群灵魂围在一个巨大的锅旁，锅里煮着美味的食物，他们每个人都争先恐后地用勺子盛食物，送到自己嘴边，可是他们手里的勺子太长了，吃到口里的远没有掉到地上的多，人人又饿又失望。

接着，上帝又带年轻人来到天堂。一群灵魂也正在一个巨大的锅旁吃饭，他们手上的勺子也很长，可是人们都是把盛上食物的勺子送到对面人的口中。你喂我，我喂你，他们都能吃饱饭，所以个个脸色红润，身体健康，如仙人一般。

看到这个情景，年轻人顿时明白了天堂和地狱的区别。

天堂与地狱之所以有天壤之别，唯一的不同就是天堂的人不是自私地将勺子喂给自己，而是彼此为别人喂食。静思这个故事，定会明白一个道理，伸出我们的双手，助人一臂之力，给人以支持，给人以温暖，看似是在做一桩"赔本"买卖，实际上最终往往可以获得更多，且会形成互助、互爱、互帮的良好人际关系。

所以，我们要善于对别人付诸真诚和爱心，助人为乐，成人之美。

再来分享一个经典故事。

乔治·伯特是著名的渥道夫爱斯特莉亚饭店的第一任总经理。年轻时，他只是一家旅馆的普通服务生。记得一个暴风雨的晚上，刚工作不久的他正在柜台里值班，有一对老年夫妇走进旅馆大厅要求订房。查看了房间登记记录之后，乔治·伯特很抱歉地对两位老人说："今晚上我们这里已经没有空房间了，对不起。"

看看两位老夫妇失望的表情，又看了看门外的瓢泼大雨。乔治·伯特有些不忍心深夜让这对老人出门另找住宿，而且在这样一个小城，恐怕其他的旅店也早已客满打烊了，总不能让老人在深夜流落街头吧！于是，他说道："如果你们不嫌弃的话，今晚就住在我的床铺上吧，我自己在店堂里打个地铺就行。"

这对老夫妇谦和有礼地接受了乔治·伯特的好意，第二天早上他们付房费，乔治·伯特坚决拒绝了。临走时，老先生要了乔治·伯特的电话号码说："你可以当一家五星级酒店的总经理，也许我将来会为你建一座酒店呢。"乔治·伯特笑了笑姑且认为这只是一个玩笑，很快他就将这件事情忘记了。

故事并没有就此而结束。过了一段时间，乔治·伯特接到了那位老先生的电话，邀请他到曼哈顿去，那位老先生真的建起了一座豪华饭店，他邀请他任这家饭店的第一任总经理。这家饭店就是美国著名的渥道夫爱斯特莉亚饭店。乔治·伯特目瞪口呆，他没想到自己当年的举手之劳会让自己收获这么多。

一个乐于助人的人，内心必然有种种快乐；一个乐于助人的人，必定不会侵犯他人。因为在他们的心中，只有友善和爱，他们视帮助他人为人生乐事，自己也会被快乐包围。正如星云大师所说："滴水可以穿石，细沙可以阻挡洪流，只要常做善事，助人为乐，当然就会'为善常乐'！"

"路径窄处，留一步与人行；滋味浓时，减三分让人食。"一个人的能力有大小，但是有了助人为乐的品德，就能成为"一个高尚的人，一个纯粹的人，一个有道德的人，一个脱离了低级趣味的人，一个有益于人民的人。"

③

出口之言以尊重为前提

俗话说"祸从口出",人与人之间原本没有那么多的矛盾纠葛,往往因为有人只图自己嘴巴一时痛快,说话之前不加考虑。总是想到什么就说什么,只言片语伤害了别人的自尊,或者说话不讲情面,甚至以尖酸刻薄之言讽刺别人,让人下不了台,如此对方心中怎能没一股火呢?

西蒙·考威尔就是这样一个很典型的人,他是美国唱片公司老板、热门选秀节目的评委,知名电视名人。这位性情豪爽、脾气暴躁的美国偶像总是口无遮拦地批评选手,"你的声音,听上去像一只猫从帝国大厦上跳下来"、"有的人在这里就是连累整个演出的"……因为出言不逊,西蒙·考威尔被冠上了"毒舌"之名,还多次引起了众人的不满和控告,最后不得不退出了评委席。

记住,你不是西蒙·考威尔。除了对方能得到巨额支票、但你不能之外,你和他之间最大的区别就是,西蒙可以不去关心人们恨不恨他,但你不能;西蒙扮演的是一个角色,而你扮演的是自己!回想一下,你有没有犯过这样的错误。当别人穿上新买的衣服时,你会直截了当地说:

"眼光怎么这么差呀，竟然买这种衣服！"在拥挤的公交车上被人无意踩了一下，你是不是会憋不住心头火，横加责骂对方……

如果细加观察，我们就会发现，人们发生冲突的根本原因往往就在于口舌之争，哪怕只是多说了一句话。一旦加上这句话，交谈就变成了吵嘴，并且会愈演愈烈。一件几乎可以忽视的事情，就会立刻发展为一件不可忽视的大事，犯下不可挽回的错误，给生活增加不必要的矛盾和怨恨，可悲可叹。

有一个《多说了一句话》的小故事，我们不妨来看一下。

一辆公共汽车上，一个外地年轻人手里拿着一张地图研究了半天，问售票员："你好，请问去中山陵应该在哪儿下车啊？"售票员是个年轻姑娘，她撇撇嘴说："你坐错方向了，应该到对面往回坐。"要说这些话也没什么，错了就坐回去呗，但她多说了一句："拿着地图都看不明白，还看什么劲儿啊！"

年轻人有涵养，他"嘿嘿"一笑把地图收起来，准备下车。旁边有个大爷可听不下去了，他对小伙儿说："你不用往回坐，再往前坐五站然后换乘374路也能到。"要是他说到这儿也就完了，既帮助了别人，也挽回了南京人的形象，可他又多说了一句话："现在的年轻人哪，没一个有教养的！"

车上年轻人好多呢，因为打击面太大旁边的一位打扮时髦的小姑娘忍不住了。说道："大爷，没教养的毕竟是少数嘛，您这么一说，我们都成什么了！"她这么说也没有错，但她又多说了一句话："要我说啊，您这种上了年纪的人，表面看着挺慈祥，一肚子坏水儿的多了去了！"

"你这个女孩子怎么能这么跟老人讲话！你对你父母也这么说话

155

吗？"这时，一个中年大姐冒了出来，女孩子立刻不吭声，可大姐又多说了一句："得得，瞧你这种打扮也不像规矩的孩子，估计你父母也管不了你！"接着，两人吵成了一团。

到站了，车门一开，售票员小姑娘说："车上人这么多呢，你俩都别吵了，赶快下车吧。"这话也没有错，但她还是多说了一句："要吵统统都给我下车吵去，不下去车可不走了啊！烦不烦啊！"这下，所有乘客都烦了！整个车厢炸开了锅，骂售票员的、骂时髦小姑娘的、骂中年大姐的……

那个外地小伙儿一直没有说话，他大叫一声："大家都别吵了！都怪我没好好看地图，大家都别吵了行吗？"听他这么说，车上的人很快平息下来。但"多余的一句话"他还没说呢："早知道你们都这么不讲理，我还不如不问呢！"

结果，整个车厢又炸开了锅，引发了一场"骚乱"。

由此可见，说话是一件很重要的事情，不会说话办不成事，不会说话就可能会罪人。谁都有自尊心和虚荣心，所以，在说话时一定得顾及他人的面子，关注他人的感受，考虑自己说话的方式，做到将心比心，设身处地。

说出去的话就像泼出去的水，是收不回来的，为人处世一定要口下留情。"三思而后行"，这是古圣先贤留给我们的宝贵经验。告诉我们在说话之前最好先想一想，掂量掂量：说出之后会有什么后果？带给他人怎样的影响？有什么效果？更重要的一点是，会不会伤人？如果伤人，能不能换一种方式说出来？

十九世纪，英国首相本杰明·狄斯雷利就给我们树立了好榜样。

一段时间，有个野心勃勃的军官一再请求狄斯雷利加封他为男爵。狄斯雷利知道此人才能超群，也很想跟他搞好关系。但由于该军官未达到加封条件，对工作负责的狄斯雷利无法满足他的要求，这令该军官觉得很伤面子。

一次，这名军官又提出了加封男爵的要求。狄斯雷利知道自己若再次拒绝他很可能会树立一个敌人，于是便将该军官单独请到办公室，放低声音说道："亲爱的朋友，很抱歉，我不能给你男爵的封号，但我会告诉所有人，我曾多次请你接受男爵的封号，但都被你拒绝了，好吗？"

这个消息一传出，众人都称赞这名军官谦虚无私，淡泊名利，对他的礼遇和尊敬远超任何一位男爵。军官不再强求狄斯雷利给封爵，并且由衷地感激狄斯雷利，并且成了狄斯雷利最忠实的伙伴和军事后盾。

本杰明·狄斯雷利之所以取得了成功，就在于他懂得"打人不打脸，揭人不揭短"的道路。知道一再拒绝这位军官要求加封的请求无疑是当面扇他耳光，他肯定不会善罢甘休。于是本杰明·狄斯雷利站在对方的角度考虑事情，从对方的角度出发，尽可能地维护了对方的面子，避免了不必要的麻烦。

美国艺术家安迪·渥荷曾经告诉他的朋友说："我自从学会适当地闭上嘴巴后，获得了更多的威望和影响力。"在实际生活中，我们要想让生活少些不必要的烦恼和怨悔，就要时刻记住"祸从口出"，说话之前在脑子里多绕几个弯子，会伤和气的话语坚决不说，能说的话也要用温和的态度去说。

例如，在马路上，看到行人莽撞或不遵守交通法规时，有些驾驶员往往会提高嗓门骂几声"没长眼睛啊"、"想找死啊"……而后扬长而去，这时行人往往会展开对骂，甚至与驾驶员对打……但假如驾驶员能够考虑路人的面子和自尊，温和不失严肃地告诫一声："性命交关！请遵守交通"、"出行小心点，你好，我也好"……这样既可以起到教育他人的作用，又不失自己的文明风度。

　　口下留情，脚下有路，一举多得，何乐不为？

4

得"理"而不失"礼"

古时候，有个道士擅长下围棋。凡是与别人下棋，总是让人家先走一步。后来他写了首诗："烂柯（围棋的旧称）真诀妙通神，一局曾经几度春。自出洞来无敌手，得饶人处且饶人。"这就是"得饶人处且饶人"这句名言的出处，是指做事须留有余地，不要一棒子把人打死，能饶恕的地方就尽量饶恕。

然而，在现实生活中，我们经常可以看到一些人一旦得了理、占了势，就气势汹汹，不可一世。把对方往死角里逼，非得决一雌雄才罢休，非逼得对方鸣金收兵或竖白旗投降不可。结果看上去得"理"了，事实上却早已失"礼"，最终使自己走向孤立无援的地步，生活工作各方面都陷入窘迫。

马超是某文化公司策划部的成员，他学历高、口才好、思维敏捷，提及的策划方案总是能够得到众人的肯定。但马超有一个毛病，那就是做事不给人留余地，尤其是自己有理的时候，非要和别人争出一个一二三来。比如，当同事提出一些较不成熟的策划案时，马超总会毫不客气地横加抱怨，大加指责，有时女同事们都能被他说哭了……渐渐地，同事们谁都不喜欢和马超一起工作了。

在马超的观念里，自己这样做并没什么不对，因为这一切都是"理由充足"。然而，一段时间后，公司组织全体工作人员进行互相评价的活动，并决定提拔得分最高者为新主管。马超最后是最低分，毫无意外地与主管之位无缘。

面对同事不够"合格"的工作，马超提出批评"理由充足"。但是他不留余地，不依不饶，还能把同事训哭就显得不合情理了，只会给别人留下不可理喻的印象，同事们自然对他的评价低得要命，甚至一有机会就要"报复"他一下，这也是人之常情，毕竟兔子急了还会咬人呢。

那么，得理时该怎么办？古人说得好："饶人不是痴汉，痴汉不会饶人。"最好的处理方法是，把心胸放宽一些，得饶人处且饶人，做事留有余地，力争做到恰如其分，适可而止。这样不仅可以避免一些没有价值的争执，而且你也能为自己赢得口碑——使事情朝着所希望的方向发展，这样大家有面子开心了，你也就开心了。

一天，位于某商业街的黄金行，突然进来了一位面带怒色，前来投诉的女士。一进门，这位女士就大声吵嚷："你们太坑人了吧，我前几天刚买的黄金戒指居然消光了。"顿时，引来了很多人的目光。

看到这位女士的架势，经理王先生为了不影响到其他顾客的购物情绪，便客气地领她到大堂顾客休憩区。王先生拿过戒指看了看，聆听了女士的购买过程，微笑着问道："女士，请问您在哪儿工作？"

"我在化学试剂厂工作，有什么问题吗？"女士火气未消地回答。

"我还想问一下，您平时上班时戴首饰吗？"王先生依旧微笑地询问。

女士白了他一眼，说道，"当然戴喽！"

"以后上班时，您最好不要戴首饰了，因为首饰容易受到化学试剂的腐蚀，这是一个常识。"王先生耐心地给女士讲解。说完，他把这位女士的戒指给了技术人员，进行了一番清洁处理，使之恢复了原状。

这位女士明白了，不好意思地道歉："刚才我太性急，还没搞清楚就……"

王先生摆摆手，微笑着说："哦，您不要这样说。出现这样的问题，都怪我们工作没有做好，如果在销售时我们将金首饰的保养方法详细告诉您，就不会出这样的问题了，我为我们的失误道歉。"

一听这话，女士从尴尬中解脱出来，她走到黄金行营业厅中央大声地道歉："对不起！打扰大家购买的情绪了，我在这里向你们道歉，向黄金行道歉。"

在接待前来投诉的女士时，经理王先生懂得有理让三分的道理。他没有因为顾客没有正确地保养戒指、无理取闹就还以颜色，而是始终面带微笑为顾客服务，然后用委婉的语气告诉顾客事实的真相。这样既在众人面前保留住了顾客的尊严，也使顾客意识到了自己的错误，最终满意而去，其德行可见一斑。

由此可见，有理并不在于声音的大小，也不在于言辞是否犀利，而是在于人心。当双方处于尖锐对抗状态时，得理者的忍让态度，能使对立情绪"降温"。而且，理直气"和"远比理直气"壮"更彰显风范，能显示出一个人胸襟之宽容、修养之深厚、心灵之强大，更能说服和改变他人。因为，得理的时候让三分，你就给自己和对方都留了体面。你退一步，对方心中自然也会感谢你给他留了面子。

总之，宽容就像是一面镜子，它可以随时照出人的胸怀。得理不饶人，斤斤计较的人只会照出他猥琐、丑陋与狰狞的一面；胸怀宽广、心地坦荡的人就会照出宽容、慈悲的一面。正所谓："莫把真心空计较，唯有大德享百福。"人人头上有青天，得饶人处且饶人，各自相安无事，自然皆大欢喜。

5

用“我们”一词代替“我”

在开口说话时，我们要注意这样的细节，在说“我”和“我们”的时候，给人的感觉则完全不同。

有这样一个故事：

A和B两个好朋友一同散步，半途他们看到地上有一张百元大钞。

A赶紧跑过去，捡起那张百元大钞，兴奋地对B说：“你看，我的运气真好。”说着把那张百元大钞独自放进了自己的口袋。

这时，失主找来了，他不仅要回了那张百元大钞，还诬告说A偷了他的钱包。

A有口难辩，无辜地对B说：“这回我们可麻烦了。”

B听后立即纠正说：“不是‘我们’，你应该说‘这回我可麻烦了’才对！”

常说“我想”、“我要”等语，这会给人突出自我、标榜自我的印象。并且会在对方与你之间筑起一道防线，形成障碍，影响别人对你的认同。亨利·福特二世描述令人厌烦的行为时说：“一个满嘴‘我’的人，一个独占‘我’字、随时随地说‘我’的人，是一个不受欢迎的人。”

相反，用"我们"一词代替"我"来做主语，例如：将"我认为，今天下午……"改成"今天下午，我们……好吗？"则有助于制造彼此间的共同意识，促进彼此之间的感情交流，缩短彼此之间的心理距离，对促进人际关系将会有很大的帮助。因为说"我"有时只能代表你一个人，而说"我们"代表的是大家，默然之中形成了一种共识：我们是一个整体的，从而找到共鸣。

　　有一位心理学家曾做过一项科学而有趣的实验。他让同一个人分别扮演专制型和民主型两个不同角色的领导者，而后调查人们对这两类领导者的观感。结果发现，采用民主型方式的领导者，他们的团结意识最为强烈。研究结果又指出，这些人中使用"我们"这个名词的次数也最多；专制型方式的领导者，是使用"我"字频率最高的人，也是不受欢迎的人。

　　在听演说家演讲时，我们都会情不自禁地接受他们，被他们的气场所感染，最终被说服。这是为什么呢？仔细想想，你会发现，演说家们很少说"我"，而是常用"我们"这个词语。那些社交经验丰富的人们，也正是因为他们一般很少直接说"我怎么着怎么着"，都是说"我们怎么怎么样"。

　　罗文是一家家具店的老板，说实话他的家具质量、款式等并不是最好的，但是奇怪的却是最受顾客欢迎的，这令其他家具店感到很奇怪。罗文有什么经营秘诀吗？请看一下他是如何推销桌子的。
　　这天，一位顾客光顾，对罗文说："我想买一种能自由折叠，特别耐用而结实的桌子。"罗文立即搬来了一张桌子，热情地介绍起这张桌子的功能。

顾客看了看，不满意地说："我觉得这张桌子款式有些旧。"

罗文微笑着说："在我们大多数人看来确实如此，而且它的结构有毛病。"

"结构有毛病？"顾客追问道。

罗文解释道："是啊，我们现在已经不仅仅把桌子当物品用了，还希望它外表美观大方就像装饰品一样，这张桌子嘛，结构有些简单了。"顾客点点头，罗文却突然猛地一脚踏上了桌子，还用力地踩了踩，然后满意地点点头："我们踩得这么狠都没有问题，看来这桌子挺结实，你说呢？"

顾客再点点头，用手用力拍了拍桌子。

罗文轻松地耸耸肩，"没关系，买东西不精挑细选的话，我们是会吃亏的。"

顾客笑了起来，脸上露出喜悦的神色，当即买下了这张桌子。

看到了吧，多说"我们"少说"我"，乍一看就差了一个字，没有什么特别。但仔细想想，还是有很大区别的。"我们"表明说话的人很关注对方，站在双方共有的立场上看问题，把焦点放在对方，而不是时时以自我为中心。在说话时强调"我们"，就会让对方感受到他与你是"命运共同体"，即使不能让别人绝对信任你，但也会让别人情不自禁地愿意亲近和接触你。

事例中，店主罗文和顾客本来是利益矛盾的两个人，但罗文说了很多温暖人心的"我们"的话——"在我们大多数人看来"、"我们现在已经不仅仅把桌子当物品用了"、"买东西不精挑细选的话，我们是会吃亏的"，他那颇具亲和力的语气感染了顾客，使顾客感觉两人处于相同的立场上，是可以信赖的朋友，从而达成生意。

试想，罗文如果一味地向顾客吹嘘，"我"的桌子有多好多好，即便他所说的很有道理，但是给顾客的感觉依然是为了推销自己的产品，感染不了顾客，甚至还会让顾客产生误解，认定他只是为了个人利益在"演戏"，产生不信任感。一旦对方不信任你了，你说得再天花乱坠也是枉然。

不要总是以自我为中心，要时刻考虑别人的感受，在与别人商议或讨论问题时，要将"我"以"我们"的方式表达出来。不可避免地要讲到"我"时，要做到语气平淡，既不把"我"谈成重音，也不把语音拉长。同时，目光不要灼灼逼人，表情不要眉飞色舞，神态不要得意扬扬，态度一定要自然平和。

美国前总统林肯曾说过："如果你想劝说一个人信从你的立场，首先要让他相信你是他忠实的朋友。"用"我们"一词代替"我"，换一种方式说话吧！让听者认为你和他们的利益一致，使听者感觉你们处于相同的立场上，进而信任你、支持你，真心倾向于你，这就是使用"我们"一词的神奇力量！

第9章

既然没有如愿，不如释然

总有一些人对我们表示过不友好，总有一些事让我们心灰意冷，甚至绝望。世界不会以我们的意愿作为前进的走向，那些非我所愿的事情，也许正在你的生活中上演。然而，这些并不会打击我们对生活的热切，怀有一颗慈悲心就能获得释然。在历尽磨难之后，你定会发现，释然才不愧对这美好人生。

1

他人的攻击不足以左右我们的生活

我们几乎都有过遭人攻击的体会。比如，有人对你的相貌评价，"拿把尺量一下吧，离模特儿身材还差了好几寸！""你也不照照镜子，你这副长相居然还有勇气活着？"又比如人们对你能力的诽谤，"以他的能力，打死我也不相信他能胜任这份工作"、"怎么升得那么快？他是走后门了吧等等。"

面对以上诸如此类的语言攻击时，我们原来的心理平衡被打破，不免会情绪急躁，大动肝火，有时甚至会和别人争得面红耳赤，以眼还眼，以牙还牙，结果呢？争辩只能是越抹越黑，让别人的看法左右自己；斗，则大多是两败俱伤，彼此间感情恶化，自己也很难有好心情，这又何必呢？

在面对别人的有意攻击时，我们与其情绪激动地反唇相讥，与人争斗，不如温和一点、宽容一点、坦然自若地去面对。这样既能维护好内心的平衡，又能和风细雨地化解矛盾，进而赢得别人的赞叹，何乐不为呢？

从前，有一个叫吴智的人很瞧不起僧人，一次他在大街上恰好碰到了一位老和尚。于是便用尽各种方法讥讽、嘲笑老和尚，但是老和尚好像没听见似的，只是时常微微一笑，并不反击，更不多言。

最后旁人都有些看不过去了，纷纷替老和尚抱不平，并不解地问老和尚，为什么对于吴智的侮辱无动于衷，还能始终保持心平气和。老和尚轻轻一笑，回答道："他是病人，我是医生，所以我要笑着面对。我可以深深记得，他为什么情绪如此激烈……因为他所感受到的痛苦必然比我所感受到的他的愤怒来得百倍之多。"

老和尚顿了顿，对吴智说："你能够再说多一些吗？"

吴智一下子变得面红耳赤，灰溜溜地走了。

"他是病人，我是医生，所以我要笑着面对"。看到了吧，这就是老和尚的自解之道，这是一种精神胜利法。虽然我们不提倡将对方当作病人看待，但是一个心胸过于狭窄、性情过于偏私的人必是精神上出了毛病的人。"清者自清"、"身正不怕影子斜",只要我们端正自己的心态,温和宽容地对待攻击者,那么不管别人怎么攻击,都影响不了我们的情绪,更左右不了我们的生活。

当心理工作做完后,你发现这个时候你已经能够正确看待对方是个"病人"的事实了,当他继续中伤你,你就微笑,微笑……文学大师拜伦说:"爱我的我抱以叹息,恨我的我置之一笑。"他的这一"笑",真是洒脱极了,有味极了。笑容通常被人们认为是不败的象征,在他人嘲讽、恶意中伤你时,笑容是唯一可以化解隔阂,使你立于不败之地的有力武器。

退一步说,有的人攻击你,很大程度上是因为你比他优秀,能力比他强。他之所以攻击你,是因为心理不平衡,"吃不到葡萄说葡萄酸"。因此,嫣然一笑,视若不见,充耳不闻,使这种攻击行为伤害不到你,拖不垮你,拉不倒你,挡不住你,继续做自己应该做的事情。他望尘莫及时,只能欣赏你。

由于工作出色,何姿进入公司不到三年就被领导提拔从一个普通会计晋升为了财会小组长。遇到这样的好事情,何姿心里自然是美滋滋的,上下班路上都哼着小曲,但是这种好心情很快就被破坏了。

有一个同事觉得不公平,觉得自己是老员工,凭什么这么好的机会让资历尚浅的何姿"捡"了。于是,对何姿的态度慢慢尖刻了起来,说话很不客气,有时还带着"刺":"有些人爬得真快,也不想想是谁在给她垫着背"、"人家年轻人长得好看,悄悄抛一个媚眼,自然就能得到老板的宠爱"……

听到这些,何姿自然明白对方所指,她很是气愤,但是理智控制了情感。办公室就几个人，她也不想搞得很僵，毕竟还要来往，而且自己也要发展和进步。于是，每当同事再对自己风言风语时，何姿都是嫣然一笑，继续埋头工作。

就这样，何姿顶着被否定的心理压力，不断地提高自己、完善自己，工作成绩越来越好，又一次次得到了领导的表扬。时间久了，这位同事也觉得何姿的工作能力的确比自己高出不少，也便不好意思再说什么了。

把心放宽一点，学着释然，不要斤斤计较！清者自清，以忍灭嗔，用实力证明自己，表现得自己非常有涵养。而且，用温和宽容的态度来"迎战"对方强硬的攻击时，你会发现，别人任何的无理攻击与诽谤会在你的柔声细语之中不攻自败，如此也就能和风细雨地化解矛盾，换来气定神闲的人生境界。

总之，别人的攻击实际上就是一个圈套，在面对攻击的时候，学着博大一点、包容一点，将对方看成是一个"病人"，心持"他是病人，我是医生，所以我要笑着"的观念。不因他人的无理取闹、荒唐攻击而乱了方寸，也不为此大动干戈，努力做好自己的事情，我们就能赢得安心之道，活出真我风采。

② 不要让心"坐牢"

古希腊神话里有这样一则名为"仇恨袋"的故事。

赫格利斯是一位非常勇猛的大神，他从来都是所向披靡，无人能敌。有一天，他行走在一条狭窄的山路上，突然一个趔趄，他险些摔倒。定睛一看，原来脚下躺着一只袋囊。他猛踢一脚，那只袋囊非但纹丝不动，反而气鼓鼓地膨胀起来。

赫格利斯恼怒了，挥起拳头又朝那个袋囊狠狠一击，但它依旧一动不动，并迅速地胀大着。赫格利斯暴跳如雷，拾起一根木棒朝它砸个不停，但袋囊却越来越大，最后将整个山道都堵得严严实实。

赫格利斯累得气喘吁吁，气急败坏地躺在地上。这时宙斯出现了，他淡然一笑，说："这个袋囊叫作'仇恨袋'。如果当初你不睬它，或者干脆绕开它，它就不会跟你过意不去，也不至于把你的路给堵死了。"

纷繁复杂的生活里，我们时常会遇到"仇恨袋"，大至人生挫折，小至人际纠纷。普通人往往会像赫格利斯那样，一心想着对付"仇恨袋"，结果冤冤相报，不但抚平不了心中的伤痕，还将你与伤害你的人捆绑在无休止的报复战车上，让仇恨充斥内心，徒增痛苦，身心俱惫。

美国著名的建筑大王凯迪和飞机大王克拉奇曾经感情很好。凯迪有一个漂亮的女儿，而克拉奇有个年轻有为的儿子，于是两人不顾子女的强烈反对，撮合他们成了婚。遗憾的是，这两个年轻人的感情很不好，经常吵架。后来，凯迪的女儿竟然不幸惨遭杀害，而据警方详细调查后，搜集来的证据都指向克拉奇的儿子。经过审判，法院做出判决，卡拉奇的儿子谋杀罪名成立，被判终身监禁。

　　令凯迪一家非常恼火的是，克拉奇的儿子在事实面前却从来不承认是自己杀害了凯迪的女儿。而克拉奇也极力为儿子的罪行拼命奔走上诉，又千方百计地不惜重金为凯迪一家进行经济补偿，以求得凯迪能为儿子说情。而凯迪一想到自己惨死的女儿，就心痛难忍，痛斥克拉奇的儿子是罪有应得，埋怨自己当初看错了人，这也令克拉奇很是恼火。自此，凯迪和克拉奇从当初的好朋友变为了敌人，仇恨无情地笼罩着这两个名门望族每个人身上，他们的内心得不到片刻的平静，再没有真正地快乐过。他们明争暗斗，结果双方谁也没得到好处，都损失惨重。

　　就这样一年又一年过去了，在痛苦折磨了他们20年之后，事情终于真相大白，凯迪女儿的死和卡拉奇的儿子根本无关。这件事在美国激起了轩然大波。面对记者的采访凯迪与克拉奇不约而同都说了同样的话："在这20多年来，我们所受的心灵上的折磨是用任何金钱也支付不起的！"

　　仇恨面前谁都不肯让步，让两个本来很要好的朋友厮杀了二十余年。不知他们有多少黑发变白发，也不知道仇恨夺走了多少属于他们的快乐，人的一生又有几个二十年呢？！试想，这样的人，内心被仇恨所

172

支配，怎么可能享有安心的美好时光呢？仇恨严重地摧残了心灵，的确是用任何财富都支付不起的。

既然如此，我们何必固执地抱着仇恨，让仇恨折磨自己也折磨他人呢？不妨敞开胸怀，学着宽广一点、包容一点，心平气和地容纳世间的是非对错，温和包容人世间一切的喜怒哀乐。宽恕是一种对人对事包容、接纳的气度和胸怀，也是对仇恨最好的回应。英国哲学家培根曾说："报复的目的无非只是为了同冒犯你的人扯平，然而有度量原谅别人的冒犯，就使你比冒犯者的品质更好。"

恰在这一点上，南非前总统曼德拉的经历特别值得人们学习。

南非前总统曼德拉是南非的民族英雄，在被白人政府关押了 27 年之后出狱。1994 年 5 月 9 日，曼德拉正式被国会选为总统，在宣誓就任总统的典礼上，他邀请了曾经看守他的 3 名狱警作为客人来参加典礼，并亲自向他们致敬！

此时，整个现场乃至世界都安静无声。毫无疑问，曼德拉的这一举动把人们惊呆了！因为谁都知道，这 3 名狱警在狱中不仅没有友好地对待他、照顾他，甚至还曾经想方设法地虐待过他。难道他不记得了吗？

在大家迷惑不解的目光中，这位饱经沧桑、令人尊敬的伟人发出了这样的感慨："当我走出囚室，迈过通往自由的监狱大门时，我已经清楚，如果自己不能把怨恨留在身后，那么我其实仍在狱中。"

曼德拉这一句深深的感慨，值得深思。换句话说就是：如果我们不能忘掉过去的仇恨，而是紧紧地抱着不放，那么无异于终生住在无形的"心的牢狱"里，生命永远得不到解脱。曼德拉没有仇恨虐待自己的狱警，他不计前嫌，以宽容的态度对待他们，他宽广的胸怀有如光风霁月，令人敬佩。

放下仇恨，原谅他人，让自己多一份轻松，对方也会多一份感动和感激，正可谓"人心不是靠武力征服，而是靠爱征服的"。更何况，一个人如果连仇恨都可以放下，那么他还有什么不能放下的呢？生活中没有任何烦恼能够囚困其内心，如此也就能轻松获得从容与安然。

不让自己的心"坐牢"，这比什么都重要。

3

逆境里只有一个选择：向上爬

这里有一个经典的小故事。

一天，农夫的一头驴掉进一口枯井里，农夫绞尽脑汁想救出驴，但折腾了大半天都无济于事。最后，这位农夫决定放弃，他想这头驴子年纪大了，不值得大费周折去把它救出来。于是，农夫请来左邻右舍帮忙，他想将井中的驴埋了，以免除它的痛苦。

农夫的邻居们人手一把铁锹，开始将泥土铲进枯井中……当这头驴子了解到自己的处境时，它在井里恐慌、痛苦地哀号着，不一会儿它居然安静了下来。几锹土过后，农民终于忍不住朝井下看，眼前的情景让他惊呆了——泥土不停地倾泻到井中，驴子将身上泥土抖落在一旁，然后站到落下的泥土堆上面。

农夫高兴极了，加快了往井里填土的速度。就这样，没过多久，驴子竟把自己升到了井口。它用力地抖了抖身上的泥土，纵身跳离了原本令它绝命的枯井，然后在众人惊讶不已的表情中得意地跑开了！

本来看似要活埋驴子的举动，由于驴子处理困境的态度积极，不断抖落身上的"泥沙"，困境最后居然帮助了它。将驴子的哲学套用在

175

人的身上有些牵强，但我们也不难体会到人生没有一帆风顺，逆境时我们该如何选择显得尤为重要。

在竞争日趋激烈的当今社会，有时候我们难免会陷入"枯井"里，各式各样的困境像是不停掉落的泥沙，叫人无法躲闪，有时候一连串地压在我们身上。换个角度看，它们也是一块块的垫脚石，只要我们有锲而不舍的精神，奋力地将它们抖落掉，然后站上去，那么即使掉到最深的枯井，我们也能安然脱困。

你改变不了环境，可以改变自己；你改变不了事实，可以改变态度；你不能控制他人，可以把握自己；你不能样样顺心，可以事事尽力；你不能去左右天气，可以改变心情；你不能选择容貌，可以展现笑容。面对逆境，假如我们能够以忍灭嗔，温和宽容地对待困难，那么很可能就会从逆境中奋起。

从古至今，有不少的逆境能够让本是失败的人成为强者。越王勾践在国破家亡之后，屈身于夫差，卧薪尝胆，用艰苦的生活来磨炼自己的意志，结果十年后一举灭吴，报了家仇国恨；司马迁由于李陵一案身受宫刑，蒙受奇耻大辱，但他终于战胜磨难，发愤写完了辉煌巨著——《史记》；再如现代的华人张士柏，他经历了从游泳健将到高位截瘫的巨大落差，却并未因此一蹶不振，反而将它化为动力，勤奋学习，完成了许多健康人都做不到的事情；

抖落身上的"泥沙"，继续奋起而勇敢前进。对此，史蒂夫·乔布斯深有体会。

乔布斯是美国苹果公司的创始人。日本软银公司CEO孙正义曾给予他这样至高评价："乔布斯是改变世界的天才，几百年之后他将与达·芬奇受到同样的尊敬。"但鲜为人知的是，乔布斯曾经历了几次重大的挫折，不过幸运的是，他没有气馁当逃兵，而是勇敢地站了起来，继续奋起。

1983 年，受金融风暴的影响，乔布斯在公司重大决策上犯了错误，被公司董事会"赶出来"，一切权力被解除。"就像被人狠狠在肚子上击了一拳，然后一下子飞出老远。"乔布斯曾这样回忆说。没有功劳也有苦劳啊，乔布斯没有指责公司的忘恩负义，也没有固执地再去帝国大厦请求众人的原谅，他一个人躲在天桥下就着自来水啃冷硬的面包，同时思考着如何让苹果公司起死回生。

乔布斯很快地调整心态，很快就新成立了 NeXT 公司，准备复制苹果电脑的成功。他对此寄予了厚望，重视任何细节，甚至提出隐藏在电脑里面的电路板都必须有一个吸引人的设计。经过一年多的研制，NeXT 电脑终于问世，定价高达 6500 美元，虽然喝彩的人很多，但掏钱购买的人却很少。乔布斯狠狠地赔上的这一笔钱，无疑也遭到了市场的嘲笑。

经过整整一年的思考和观察，乔布斯想出了一个新点子，那就是打造和推广"个人电脑"品牌。他天天到原来所在的苹果公司，不断地向公司主管说明自己的意见，最终对方采纳了他的意见，并重新聘任他为公司首席执行官。重归苹果公司后，乔布斯引领的 iPhone 发展方向终于赢得了市场的共鸣，没过多久，乔布斯成为美国新经济时代的第一个亿万富翁，也是最年轻的亿万富翁。

乔布斯的经历告诉我们，豁达宽容地面对困境，反而使人更加坚强和优秀，这正如他自己所说的："不要为逆境所失败，在逆境里只有一个选择，那就是往上爬，别再往下坠。学会享受逆境吧，因为人的本领往往是从艰难中锻炼出来的，因为困难往往不如你所想象的那样不可排除。"

"学会享受逆境"，这是很好的一个概括。一个人在逆境下，消极、委屈、放弃、逃避是很正常的。当自己处于逆境之时，朋友对自己失望、怀疑，认为你大势已去，冷面相对，甚至落井下石，这都是最正常不过的。虽然这些让人心寒，但其实我们没有必要记恨他们，责备他们，反过来讲他们这种"恶劣"的态度，也是构成逆境独特力量的重要部分。

在报社，有一个年轻人一心想成为一名作家，但是他一直得不到领导的欣赏，还屡次遭遇同事的排挤，事业处于一个前所未有的低落期。为了改变自己任人摆布的命运，他将自己所有的业余时间都投入写作，他那深刻的忧虑，富有哲理的思辨，令他的作品非常有深度，因此，他获得了意外的成功。后来，这位作家感慨道："如果当初我没有经历那种逆境，可能一辈子都只是一个小职员，是逆境锻造了我，让我的人生得到了升华。"

费朗西斯·培根曾经说过这样一句话："正如挫折的恶劣可以让人忘记幸运的存在一样，最美好的财富也会在厄运中逐渐显露它的价值。"所以说，假如我们能学会换一个角度看待挫折与成功，它其实就和延期兑现的财富一样，会在适当的时间，以适当的方式，一分不少地兑现给我们。

既然这样，我们何不敞开自己的襟怀，坦然面对逆境呢！

4

时间会带给你想要的安宁

活在纷纷扰扰的都市中，面对纷繁复杂的生活，我们会遇到太多的是非恩怨，有时，怎么也理不出头绪。凡夫俗子纠缠其中不能自拔，非要弄个明明白白、清清楚楚，所以生活就有了那么多的烦恼、不快、痛苦，甚至颓废堕落，甚至会寻死觅活。

事实上，我们最需要的是持有一种温和宽容的态度，因为世界上没有什么是永恒的，也没有什么是不可改变的，时间是岁月的手，翻云覆雨间改变着生活！很多原来看来一成不变的事情会随着时间的推移出现前所未有的变化，很多先前久久不能释怀的情感会在慢慢的沉淀中找到注解。

所以，凡事千万不要偏激和想不开，不妨把一切交给时间。时间永不停滞，人世间所有的痛，包括生离死别，有一天都会被时间静静风干。春来冰消雪会化，请相信时间。人生没有过不去的坎。

伊莉原本是一个幸福的女人，可是有一段时间里倒霉的事情接踵而至。先是她的丈夫因病去世了，不久她的儿子又不幸坠机身亡。一连串的打击让她的心都碎了，她不知道今后的路自己能否坚持走下去，整日郁郁寡欢。后来，她因过度怀念丈夫和儿子在世的岁月，由怀念而过度悲痛，结果病倒了。

　　了解到伊莉的病情和生活情况后，主治医生对伊莉说："你的病情太严重了，需要长期的住院治疗。但是这需要花费很大一笔钱……我看这样吧，从现在开始，你可以在本院做零工，每天打扫病人的房间，以赚取你的医疗费用。"反正没有比这更好的活法了，而且就目前的情况来说，自己似乎根本别无选择。于是，伊莉开始手握扫帚，每天不停地忙碌着，将医院的角角落落打扫得干干净净。

　　时光如梭，渐渐地，伊莉发现自己不再那么怀念丈夫和儿子了，内心也恢复了平静。寂寞、担忧被驱除了，伊莉的身体也就渐渐好了起来。三年的时间里，由于经常接触病人，伊莉对病人的心理也了如指掌，后来竟然被院方聘认为陪护。再后来，伊莉还成为该医院的心理咨询师，她觉得自己新的人生就要开始了。

　　看到了吧，时间是医治一切创伤的"良药"。很多时候，那个我们以为迈不过去的坎，一段时间之后回过头看，其实早就可以轻松跳过；那个我们以为撑不过去的时刻，其实忍着、熬着也就自然而然地过去了。

　　春去春又来，花谢花又开。时间，让深的东西越来越深，让浅的东西越来越浅。时间最大的魔力就在于让人在面对一切已知的和未知的困难面前都毫不担心，莫名地相信它会给一切事情一个最美好的答案，如此的态度往往能够解决很多问题，这就是将一切交给时间解决的理由。

　　有一位大公司的经理，常常收到代理商的投诉信。这些投诉通常无法解决又不宜拒绝。他的应付方法是，把信塞进一个写着"待办"字样的文件柜。他说："虽然应该立刻予以答复，但我明白，如果答复就等于和他争辩，争辩的结果不外乎对人说'你错了'，这样不如索性暂时不处理。"事情的最后结果如何？他笑着回答说："我每隔一段时间把这些'待办'的信拿出来看看，又放回文件柜去，其中大部分信件在我第二次拿来看时，里面所谈的问题都已成为过去，或已无须答复。"

把一切交给时间，这不是消极，而是一种历练后的生活智慧。

总之，如果你要做一件事，而这件事的名字叫作忘记，时间就是最好的助力；当你不得不忘记，却又无能为力时，时间也是最好的助力；当你做不了决定，左右为难，徘徊徜徉时，时间依然是最好的解药，总有一天，一切都会有答案；如果你正逢生命难关，别泄气，时间会帮你抚平伤痛的。

时间是医治一切创伤的"良药"，请耐心的等待。春去春又来，花谢花又开，时间会带给你所要的安宁。把一切交给时间吧，且闲庭信步，看花开花落。

5

唯有适应当下的环境，才有机会改变处境

为什么自己出生在偏远地区，而不是大城市里？为什么自己长的没有电影明星那么漂亮？为什么自己拼命工作，而老板却把晋升的职位给了他的一个亲戚？为什么自己成家立业的时候房价较几年前翻了数倍？……

每一个人都期盼着公平，但是绝对的公平是不存在的。在遭遇生活的不公平时，很多人无法适应，怨天尤人，整天活在忧郁之中。这或许能解一时之气，但我们也就等于被生活击垮了，更别提获得安然的生活方式了。

试想，如果你大学毕业后被分在基层工作，你一边愤愤不平，一边敷衍工作，那么你会有被升职的机会吗？恐怕不能，因为老板会认为你连最简单的事情都做不好，根本不会有责任和能力去做更高级的工作。

上天眷顾的人只是少数，而我们只是那大多数中的一部分。既然这样，我们何必对那些不公平的人或事耿耿于怀呢？正确的方法是温和宽容、平心静气，以忍灭嗔，不被不公平所牵绊，思考如何更好地去创造公平。正如比尔·盖茨所说："生活是不公平的，你要去适应它。"

蔡琰是来自西安山区的一个贫穷农村，为了谋生专科毕业后他来

到西安一家大型企业做了保安。最初，这个小保安的称谓让他感到很沮丧，因为在很多人心中保安是和"头脑简单、四肢发达"、"没有文化"这些词关系密切的。曾有同学想给他介绍对象，女方"啊"地叫了一声，"什么？一个保安？"连要求外来人员出示证件这种例行的工作，他也会碰钉子，"哎呀，你不就是个保安吗，还查什么证件呀！"

这些经历让蔡琰深深感觉到自己不被尊重，他一度眼红，很不服气："命运为什么这么不公平？凭什么那些白领们在干净优雅的办公室里办公，而我却要站在风里雨里站岗？"不过，他很快调整了自己的心态，决定努力缩小与这些人的差距，之后他利用所有的闲暇时间用来充实自己，他利用休息时间攻读英语、经济管理、社会心理等课程。由于什么都是从头学起，蔡琰学得很拼命，就算是坐火车回老家时他也拿着书在看。有时，看到周围的队友业余时间在看电视、打篮球，他也心里痒痒的，但一想起别人说的"你不就是个保安吗"，他就会咬牙学下去。

就这样，"潜伏"了近三年，蔡琰通过成人高考考上了西安师范学院的经管系，他一边工作，一边学习。通过几年的认真学习和实践锻炼，他的个人能力得到了提高，并以全班第一的优秀成绩毕业。一毕业，他就被一家大型企业录用了，月薪比保安工作翻了好几倍，他已经是一名真正的白领了。

出身贫困、没有学历，没有关系，蔡琰面临了太多的不公平，但是他凭着勤奋与坚持，取得了令人瞩目的成功。这个事例告诉我们一个道理：不要在公与不公上过多计较，放弃抱怨和愤怒，接受不公平的现实。及时做一些更有价值的事情，把精力用在发展能量、提高自己上面，早晚有一天生活会给我们公平的回报。

面对生活的不公平，每个人因自己的修养、意志、胸怀、境界的不同，会有很不同的态度，会做出不同的反应。正是这种不同，造就了一个人和另一个人，一些人和另一些人的不同人生。换句话讲，一个人的生活未来和成长实现，取决的不是他如何面对公平，而是他在不公平的环境中有怎样的表现。

有这样一种人——他们早已知道，生活中没有绝对的公平。当不公平出现的时候，他们不会愤怒，不会抱怨，也不会惊慌失措，而是把它当作人生必修之课去应对，当作必做之题去演算。无论生活是公平的还是不公平的，他们都能够温和宽容地对待，以忍灭嗔，坚持自己给自己公平。

在这方面，文艺复兴时期英国最杰出的戏剧家和诗人莎士比亚就是一个经典的楷模！

莎士比亚在很小的时候有机会接触到了剧团演出，他非常好奇，一个小小的舞台竟能演出一幕幕变幻无穷的戏剧来，便暗下决心：要终身从事戏剧事业，当个戏剧家。但是，当时英国的戏剧工作是一个高级的职业，活跃着一批受过高等教育在戏剧方面有些成绩的"大学佳人"、职业剧作家，他们垄断了剧坛，根本不许普通人涉足其间。

为了更加接近戏剧事业，莎士比亚主动到戏院做马夫，专门等候在戏院门口伺候看戏的绅士。待表演开始后，他就从门缝或小洞里窥看戏台上的演出，边看边细心琢磨剧情和角色。回到家后，他时常模仿台上人物和情节戏剧情节，一招一式地模仿演戏，他还发愤地翻看文学、历史等方面的书籍，自修希腊文和拉丁文，掌握了许多戏剧知识。

终于，莎士比亚等上了一个上台表演的机会。有一次，剧团需要临时演员，莎士比亚"近水楼台先得月"。由于出色的理解力和精湛的演技，他的表演得到了大家的肯定，不久就被剧团吸收为正式演员。之后，莎士比亚大量阅读各种书籍，了解了各国的历史和人民不幸的命运。27 岁那年，他写了历史剧《亨利六世》三部曲，正式进入了伦敦戏剧界。1595 年，他又写了《罗密欧与朱丽叶》，剧本上演后，莎士比亚名震伦敦，成为英国戏剧界大师级人物。

面对周围不尽如人意的环境，莎士比亚并没有整天抱怨人生的不公平，而是从戏剧界最底层的马夫坐起，努力学习戏剧知识，最终将现实中令人不满意的成分降低到了最低限度，成为了一名闻名海外的戏剧家。

唯有适应当下的环境，才有机会去改变自己的处境。

普希金有一首短诗《假如生活欺骗了你》："假如生活欺骗了你，不要忧郁，不要愤慨；不公平时，暂且忍耐。相信吧，快乐的日子将会到来。"不要奢望自己成为上帝的宠儿，假如生活欺骗了你，给了你诸多不公平的待遇，那么请接受普希金的忠告吧，"不公平时，暂且忍耐。"

第四辑

在匆忙的世界里，稳稳向前

这个世界为何如此匆忙？匆忙于致富，匆忙于攀比，匆忙于计较……在匆忙的奔跑里，我们丢失了豁达，丢失了快乐，也丢失了自我。很多人都在追求成功的意义，其实成功并不在于外物的多少，而在于内心的幸福指数。在匆忙的世界里稳住你的脚步，这就是成功。

第10章
豁达的人始终保持微笑

喜怒哀乐是人之常情，心情不好就会怒气冲冲。但是怒气往往会蒙蔽理智，意气用事，可能让快乐、幸福，甚至生命因为不值得的人或事毁于一夕。生气有百害而无一利，要之何用？若能静下心来，克制情绪，拥有一份容纳世事的豁达，便能减去一分痛苦和煎熬，日日如沐春风，时时清凉无忧。

1

别让小事拖垮了生活的美好

有一个人正准备享用一杯香浓的咖啡，餐桌上放满了咖啡壶、咖啡杯和糖，心情无比放松。这时一只苍蝇飞进房间，嗡嗡作响直往杯里和糖上飞，顿时好心境全无，烦躁无比，起身追打苍蝇，于是桌子翻了，杯碎了、咖啡汁遍地皆是，片刻之间房间一片狼藉，而最后苍蝇还是悠悠地从窗口飞走了。

在生活中，我们随时可能会遇到类似的情景，常被一些小事情所羁绊，弄得是心烦意乱……"很多时候，让我们疲惫的并不是脚下的高山与漫长的旅途，而是自己鞋里的一粒微小的沙砾。"哲人的这一句话一针见血地道出了我们烦恼的根源，指出生活很可能会被一些小事给拖垮了。

先来看一个故事。

在科罗拉多州长山的山坡上，躺着一棵已有140多年历史的大树残躯。在漫长的生命长河中，它曾被闪电击中过14次，被无数次狂风暴雨侵袭，但是它都坚持了下来，结果后来一小队甲虫的攻击使它永远倒在了地上。那些小甲虫虽然小，但它们从根部向里咬，持续不断地攻击，渐渐损伤了树的根基。这样一株森林巨木，岁月不曾使它枯萎，闪电不曾将它击倒，狂风暴雨不曾动摇过它，却因一小队用大拇指和食指就能捻死的小甲虫，轻而易举的让它倒了下来。

我们不就像森林中那棵身经百战的大树吗？我们也经历过生命中无数狂风暴雨和闪电的袭击，也都撑过来了，可是却总是让忧虑的小甲虫侵蚀——那些用大拇指和食指就能捻死的小甲虫。你是否因为在上班的途中遇到堵车，烦躁随之而来？你是否因为不小心被人踩到了脚，心情变得异常糟糕？……

你甘愿被这些小烦恼困扰吗？甘心被鞋底的"沙"拖垮吗？不，你要想办法解决它、摆脱它。因为生活是丰富的，活着不是为了生气，我们每日每时都有许多事情要去做，那么多的美好和快活有待我们去欣赏和感受。

常为小事烦恼，人生苦多乐少。事实上，那些过得快活而安然的人会随时倒出那些烦人的"小沙粒"，他们心胸宽广，心境超然，不为鸡毛蒜皮之事抓狂、斤斤计较，如此也就求得了心理上的平静，境随心转得安然。内心世界清静了，也就能腾出更多的精力去放眼世界，以一个高屋建瓴的视角去俯瞰红尘中的万千事物。

有些事情我们在经历时总也想不通，直到生命快到尽头时才恍然大悟。换句话说，一个人会觉得烦恼，是因为他有时间烦恼。一个人会为小事烦恼，是因为他还没有大烦恼。因为若遇到大烦恼，遇到生命危险的时候，原先的小烦恼是那么渺小、荒谬，实在没有理由值得为此烦恼。

"二战"期间，一位名叫罗伯特·摩尔的美国人的经历给我们深刻的启迪。

1945 年 3 月，罗伯特和战友在太平洋海下的潜水艇里执行任务。他们从雷达上发现一支日军舰队朝这边开来，于是就向其中的一艘驱逐舰发射了三枚鱼雷，可惜都没有击中，却被对方发现了目标。三分钟后，天崩地裂，6 枚深水炸弹在四周炸开。深水炸弹不断投下，整整 15 个小时，有二十多个深水炸弹在离他们 50 英尺左右的地方炸开。若深水炸弹离潜水艇再近一些的话，潜水艇就会被炸出一个洞来。

"这回完蛋了"，罗伯特吓得不敢呼吸，全身发冷，牙齿打战。这15 小时的攻击，感觉上就像有 1500 年。过去的生活一一浮现在眼前，他想到自己曾为工作时间长、薪水少、没机会升迁而发愁；也曾为没钱买房子、买车子、买好衣服而忧虑；还为自己额头上的一块伤疤发愁过。以前这些事看起来都是大事，可是在深水炸弹威胁着要把自己送上西天的时候，罗伯特觉得这些事情是多么的荒唐、渺小，他向自己发誓，"如果我还能有机会看见明天的太阳，我将永远也不会再为那些小事烦恼了。"

15小时之后，那艘布雷舰的炸弹用光，攻击停止了。自此，罗伯特过上了另外一种全新的生活，他再也没有为生活小事感到烦恼过，不纠缠，不羁绊，变成了一个内心安定与平静的人，无疑这为他在以后的生活中创造了巨大优势。

"如果还有机会看到太阳和星星的话，我一定不为小事而烦恼"，这是经过大灾大难才会悟出的人生箴言！当死亡临近的那一刹那，其他什么事情都会变得渺小，也不值得为此烦恼。毕竟生命是无价的，任何代价都换不来生命，死亡是最大的烦恼。人生在世，时间短暂，何必为小事斤斤计较呢？

而且，从医学的观点看，经常为小事烦恼，对身心健康也是极其有害的。有一首曾经很流行的歌《莫生气》，歌词唱得好："人生像是一场戏，因为有缘才相聚。相遇相知不容易，是否更该去珍惜。为了小事发脾气，回头想来又何必，别人生气我不气，气出病来无人替。我若气坏谁如意，而且伤神又费力。"

总之，难过也是一天，快乐也是一天。你的今天要怎么过，完全取决于你。随时倒出鞋底烦人的"小沙粒"，对自己说："我还能有机会看见明天的太阳和星星，何必为那些小事烦恼"、"这只是一件鸡毛蒜皮的小事，根本不值得我发火。"如此做了，你将走出坏情绪的旋涡，心情焕然一新。

2

低头的瞬间成全了爱

生活中难免会遇到不开心和不顺心的事，特别是在婚姻生活中。夫妻俩因为某些事存在着不同看法和意见的事，几乎每天都在发生，如果双方总是怒火冲冲，以吵架的方式来解决，那生活真是乱了套了，也就没什么幸福和快乐可言了。

有一对夫妻结婚十多年了，他们之间偶尔也争吵，但这一次吵得很凶。其实也不是什么大事，就是为了洗衣服的事情而发生了争执。那次丈夫洗衣服忘了搜口袋，面巾纸被水泡烂了，结果妻子只穿过一次的运动服上沾满了白色的纤维。

妻子立马把运动服拽下来，找丈夫算账。

丈夫满不在乎地说："没事，你重洗一遍就好了。"

"根本洗不掉。"

"那就重新买一件。"

"你是大款吗？为什么洗前不看看？说过多少次了，你为什么不听？你根本就是应付，一点爱心和责任心都没有……"妻子越说越气，从洗衣服说到做饭，从做饭说到买菜，总之连几年前给女儿洗尿布没洗干净的事也抖落了出来。

丈夫一怒之下，把那件衣服夺过来，给扔到了地上。见丈夫不仅不安慰自己，还胡乱发火，妻子开始收拾衣物，并扬言要离开家。虽然这么说，她的动作却是迟缓的，她希望丈夫能主动求和，但丈夫什么也没说，什么也没做。

妻子失望了，真的离开了这个家，去了娘家，一住就是一个月。期间，她几次想给丈夫打电话，但她转念一想："他是男人，要先打给我！"于是，僵持一直继续着……

事例中，这对夫妻因为一件洗衣服的小事情，而导致了双方之间一场不愉快的争吵，又因为谁都不愿意让步，搞得心情沮丧、伤感情不说，最后还造成分居。想想真是让人感慨万千。

事实上，生活琐事很难评出对错，婚姻里哪有绝对的对与错？走在一起的两个人，性格、价值观和生活方式上难免都会有所差异，在某些事存在不同看法和意见。只要不是原则性问题，何必与自己亲爱的人赌气呢！不妨来点低头表现。

什么是"低头"呢？就是学着适当地做出妥协和牺牲。争吵不是单纯为了宣泄愤怒情绪，而是使复杂的问题变得明朗化。吵架并不是为了伤害对方，而是为了沟通。因此，我们要尽量本着沟通的目的，克制自己的情绪，心平气和地说出自己的想法，给对方一个思考和回旋的余地。

本着沟通的目的，愤怒而不失理智，你会发现，原来对于很多在意的问题来说，爱的基础上的妥协是成本最小的解决之道，爆发上述冲突的可能性就会被降到最低水平，而且相信他一定会倍加珍惜和爱你。看着自己的爱人每天心情轻松、满面春风，自己不也感到幸福吗？

曾看到这样一个故事：

一对夫妻历经磨难才走到一起，结婚一个月却开始了吵架。原因是男人总是喜欢从牙膏中间挤牙膏，而女人却认为一定要从牙膏的尾部挤牙膏。两人谁也不肯让步，为此时常爆发争吵，于是他们决定分居。

　　分居的日子里总是难耐的寂寞，他们明白其实彼此依然深爱着对方。只是他们都非常好强，谁也不肯向对方低头，就这样，他们分居了一个月。最终，妻子提前准备了烛光晚餐，准备向老公妥协，挽救他们的婚姻和爱情。

　　当妻子正在做老公最爱的红烧大蟹时，忽然看到一只蟑螂从她脚下窜过，其实，妻子并没有多害怕，但她灵机一动，拿起电话拨通了老公的号码："喂！亲爱的，你赶快回来，家里有只蟑螂，我快被吓死了。"那边的老公只一句"遵命！"便立即赶回了家。

　　两人吃着烛光晚餐时，妻子主动向丈夫道歉，以后她不再管丈夫是怎么挤牙膏的，有时干脆每天早上给他挤好牙膏，而丈夫也自觉地开始从牙膏的尾部挤牙膏。就这样，两人不再争吵了，他们的爱情恢复了，婚姻复活了。

　　只要不违背原则的事，低个头并没有什么。低头不见得就是认错，这只是你向对方发出的一个和好的信号，不但显示不出你懦弱，反而能体现出你的大度。退两步是为了进三步，如此生活中也就少了几分怒气，多了几分喜气，正可谓低头的瞬间成就了爱。既然如此，我们为什么不能低一次头呢？

　　一对中年夫妇婚姻濒临绝境，多年间他们总是因为生活小事不断地吵架，最后互不理睬，然后双双认为"过不下去了，坚决要离婚"。在决定离婚这天，俩人相约一起爬一次市区附近的一座山，也算是最后的浪漫之旅。

当时，大雪弥漫，刮着西风，他们拿着帐篷、棉被，来到这座山上，望着纷纷扬扬的大雪。就在这时，一个奇异景观把他们都吸引了。只见雪松隔段时间就弯下树枝，直到积雪从枝头滑落，然后倏地弹起；等大雪再次落满枝头，又弯下树枝……如此反复，树枝完好无损。可其他的树，却因没有这个本领，树枝被压断了。

他们发现了这一景观，顿时，二人颇有感悟：婚姻就是一棵大树，如果不像雪松那样学会低头，不也只有被压断的结局吗？正如他们眼下的婚姻。两人瞬间明白了，便紧紧地拥抱在一起。

奔波在现实的生活中，我们已经活得很累了，不管是男人还是女人都不容易。如果真正爱对方，想要跟对方一起幸福地生活下去，就要尽可能地去承受婚姻的压力。在承受不了的时候，就要改变一下思路，学会向对方低头，像雪松一样弯曲一下，这样就不会被压垮，出现柳暗花明又一村的无限风光。

记住，夫妻之间不是敌我矛盾，低头才能温润彼此脆弱的心。

3

遇事不钻牛角尖，反而柳暗花明

有句话说得好："日出东海落西山，愁也一天，喜也一天；遇事不钻牛角尖，人也舒坦，心也舒坦。"的确如此。什么是钻牛角尖呢？在一般情况下，这用于形容遇事思维僵化，办事不知变通，最终山穷水尽、无法自拔。

章鱼是海洋生物中一种庞大的动物，成年章鱼体重将近32公斤。不过它们的身躯却非常柔软，而且没有脊椎，这使得它们可以随意将自己塞进任何一个想去的地方，甚至一个银币大小的洞，以伺机捕捉其它海洋生物。但是，聪明的渔民们有办法制伏章鱼。他们将小瓶子用绳子串在一起深入海底。章鱼一看见小瓶子，都争先恐后地往里钻，不论瓶子有多小、多么窄。结果，这些在海洋里无往而不胜的章鱼成了瓶子里的囚徒，变成了渔民的猎物，变成了人类餐桌上的美味。

是什么囚禁了章鱼？是瓶子吗？不，囚禁了章鱼的是它们自己。它们固定着思维模式，总喜欢向着最狭窄的地方走，不管走进了一个多么黑暗的地方，即使是走进了一条死胡同，他们也不返回，结果将自己逼上了"绝路"。

197

现实生活中，许多人的思想也如同钻进瓶子里的章鱼一样，最终囚禁了自己。在遇到苦恼、烦闷、失意时，也一味地喜欢往"瓶子"里挤，往牛角尖里钻，结果越想烦恼的事情就越生气，越生气自我感觉就越不好，使自己的视野变得越来越狭窄，思想也越来越失去智慧和光泽。

现在，你是否身陷困惑与烦恼呢？有解决的办法吗？有！

当遇到"山重水复疑无路"的特定时期时，假如我们能够不钻牛角尖，打破传统的思维模式，多一点创造性思维，该转弯时就转弯，问题往往就可迎刃而解，出现"柳暗花明又一村"的景象。许多事情也都能变不可能为可能，甚至能变坏事为好事，如此一来，也就没有什么烦恼而言了。

摩诃是德国西部某小镇上的一个农民，前段时间他看上了一片售价很低的农场，但是当他真正买下那片农场后才发现自己上当了。因为那块地既不能够种植庄稼和水果，也不能够养殖，能够在那片土地上生长的只有响尾蛇。

面对这样的事情，很多人都替摩诃惋惜，不过摩诃没有气急败坏，因为他知道生气也没有用，不如想想办法，把那些"坏东西"变成一种资源、一种财富！很快，他就发现一条好的出路，所有的人都认为他的想法不可思议，因为他要把响尾蛇做成罐头。之后，装着响尾蛇肉的罐头被送到全世界各地的超市里，他还将从响尾蛇肚中所取出来的蛇毒运送到各大药厂去做血清，而响尾蛇皮则以很高的价钱卖出去做鞋子和皮包，总之响尾蛇身上的所有东西一下子在他手上都成了不可多得的宝贝。

出人意料的是，摩诃的生意做得越来越大，这让很多人刮目相看，摩诃成了当地的名人，也成了当地人们争相学习的楷模。现在，这个村子已成为了旅游景区，每年去摩诃响尾蛇农场参观的游客差不多就有上万人。

买下一块不能够种植、也不能够养殖的农场，对任何一个人来说都是一件糟糕的、无可救药的事，但值得庆幸的是，摩诃并没有死钻牛角尖，非要将之当帮农场一样经营，也没有一味地生气抱怨，而是想到如何从这种不幸中脱离出来，于是真的改变了自己的命运。

在生活和工作中，有许多问题很难用直接求解的方法得出答案。这时不要凡事都幻想着走直道，不如在理性分析的基础上独树一帜，适时地变通了一下，从侧面来思考问题，该转弯时就绕绕道。曲中有直，直中有曲，这是辩证法的真谛，也才能真正地"运筹于帷幄之中，决胜于千里之外"。

为此，我们应该学一学水的智慧。你看，河流行径之地总有各种的阻隔，高山峻岭、沟壑险滩……但是水到了它们跟前，并不是一味地一头冲过去，而是很快调整方向，避开一道道障碍，重新开创一条路。正因为此，它最终抵达了遥远的大海，也缔造了蜿蜒曲折、百转千回的自然美。

有一个真实的故事曾广为流传：

有这样一位年轻人，他是德国一所著名大学计算机系的博士毕业生。毕业后，他想在国内找一份理想的工作。可是，由于他的起点高、要求高，结果连续找了好几家大公司，都没有录用他。思来想去，年轻人决定收起所有的学位证明，以一种最低身份求职，他拿着自己的高中毕业证前去寻找工作，并声称自己只想在工作岗位上锻炼自己，学习学习，哪怕不给工资也愿意做。

不久，年轻人就被一家大企业聘为程序录入员。程序录入员是计算机的基础工作，对他来说简直是小菜一碟。但他干得一丝不苟，看出程序中的错误时他就及时向老板提了出来。老板看他非一般的程序录入员可比，对他自然多了一份欣赏，同时也很好奇。这时，年轻人亮出了自己的学士证，于是老板给他换了个与大学毕业生对口的工作。又过了一段时间，老板发觉在这个工作岗位上，他还是比别人做得都优秀，就约他详谈，此时他才拿出了博士证。

老板对年轻人的水平已经有了全面的认识，又佩服于他能够踏踏实实地做好每一项工作，便毫不犹豫地重用了他。

面对棘手的问题时，这个年轻人并没有被蒙蔽，消极地逃避或搁置问题，而是保持冷静的头脑，适时地变通了一下，结果找到了好工作。这个故事又一次验证了：遇事不钻牛角尖，不站在原地自怨自艾，才能寻找到解决问题的好办法。

在山穷水尽的时候，不钻牛角尖，该转弯时就转弯，在迈出困境同时，也许就获得了转机，会出现"柳暗花明又一村"的景象。如此我们也就会少一些郁闷，多一些开心；少一些烦恼，多一些幸福。什么难题在你这里都不是问题，人生如此，该是何等的洒脱，何等的惬意啊。

4

恰当释放你的愤怒

怒，从字面上看，就是一种能够把心变成"奴隶"的力量。不管你平日里是多么理性、多么干练的人，一旦怒火中烧，就会完全丧失平日的理智。难怪有人说，愤怒是驾驭人的"暴君"，理性往往会被愤怒打败。

你曾经有过这样的经历吗？受到领导或同事批评后委屈不已，或者暴跳如雷，不愿上班？和别人争吵后，气得上街乱逛，买一堆不合时宜的东西泄愤？……像这类"犯规"的举止，偶尔一次还不要紧，如果经常这样，可就要小心了！因为在不知不觉中，你已经成了情绪愤怒的"奴隶"了。

那么，人就只能任凭愤怒驱使，做它的奴隶了吗？当然不是。美国作家罗伯·怀特曾经说过："任何时候，一个人都不应该做自己情绪的奴隶，不应该使一切行动都受制于自己的情绪，而应该反过来控制情绪。无论境况多么糟糕，你应该努力去支配你的情绪，把自己从黑暗中拯救出来。"

的确，生活中的很多悲剧多数是因愤怒引起。为此，我们应该学做情绪的主人，当怒火中烧时立即放松自己。气球充气太多会爆，假如我们能够时常给"气球"松松口，如此就能把激怒的情境看淡看轻。当怒气稍降时，对刚才的激怒情境进行客观评价，如此也就能够更好地解决问题。

　　一个大庄园里有十几个长工，长工们闲来无事常常坐在一起开玩笑，有时玩笑过火了就会起冲突。很多时候，冲突过后他们谁也不搭理谁，还会将怒火发泄到工作中去，结果将农田弄得一团糟。有这样一个人，每次当他和别人发生争执生气的时候，他便以很快的速度跑回家去，绕着自己的房子和土地跑3圈，跑得气喘吁吁，然后再回来继续工作，就像什么事情也没有发生过一样。

　　这样次数多了大家都很好奇，询问这个人这到底是怎么一回事，他每次都笑而不答，众人也理不出头绪。由于他很少与人结怨，又踏实能干，薪水涨了又涨，房子越换越大，土地也越来越广。但是，只要与别人争论生气时，这个人还是会绕着房子和土地跑3圈。渐渐地，他也老了，但他还是会生气，一生气他还是会拄着拐杖，或者在孙子的搀扶下，艰难地绕着房子和土地走。

　　有一次，这人在孙子的搀扶下，喘着气走完3圈时，孙子终于憋不住了，恳求地说："爷爷，明明是对方的错，你为什么要这样惩罚自己呢？您可不可以告诉我这个秘密？"禁不起孙子的苦苦哀求，这个人终于说出了隐藏在心中多年的秘密，他说："我这不是在惩罚自己，而是在解脱自己。我一跑步就会累，等跑完了，心中的怒火就消了，心情就好了，接下来就能好好工作了。"

　　如果你每次生气时也能像故事中的这个人这样，给自己找到宣泄情绪的出口，给心中的"气球"松松口，平息即将爆发的怒火，相信你将把更多的时间和精力用在有意义的事情上。同时，你还会在思想境界上得到极大的升华，成为一个快活无忧的人，获得一种从容安然的人生。

有个日本老板想出一个奇招，专辟房间，摆上几个以公司老板形象为模型制作的橡皮人，有怒气的职工可随时进去对"橡皮老板"大打出手，发泄一通，揍过以后，职工的怒气也就消减了大半。

如果你平时生气了，出去参加一次剧烈的运动，看一场电影，或者散散步，这些与痛揍"橡皮老板"有异曲同工之妙。

不过，不是所有的人都会采取同样的态度来控制怒气，其中一个颇具效果的制怒方法便是施行"时间延宕法"，生气时多数数儿。美国前总统汤玛士·杰弗逊为这个策略下了结论："当愤愤不已的思绪在你的脑海中翻腾时，最好的制怒方法就是在开口前数十下；如果愤怒异常，那么就数到一百吧！"

另外，还有几个口诀可以更有效地控制自己的脾气，给心中的"气球"松口。每天你可以在心里对自己多念几次："我可以抑制自己的怒气"、"我可以缓和自己的怒气"、"我可以常保冷静谐和之心"、"我可以如岩石般屹立不摇"……增强心理承受能力，强化理智的力量，如此一来，情绪就得到一定程度的释解，你也就拥有了一定的自控能力。

克制自己的怒气，做到平心静气，绝对是一种高深的境界。

一位法师化缘后走在街上，没想到迎面撞来一位彪形大汉。大汉慌忙给法师让道。不想胳膊撞到法师的眼镜上，而眼镜磕到了法师的眼皮上，把眼皮磕青了，随即掉在地上，镜片摔得粉碎。但这个大汉没有丝毫愧疚，理直气壮地吼道："谁叫你戴眼镜的！"

法师什么也没说，微微一笑。

见此情形，大汉觉得奇怪，便问："喂，我把你的眼镜碰碎了，你为什么不生气？"

法师微微一笑，回答："我为什么一定要生气呢？生气既不能使破碎的眼镜重新复原，又不能使脸上的瘀青立刻消失、苦痛解除。再说，我对您破口大骂，或是打斗动粗，都不能化解事情，不如不生气。"

大汉听后，愧疚地赔礼道歉了。

在生活中我们也应当像这位法师一样，学会克制自己的情绪，用理智给"气球"松松口，不让怒气冲昏你的理智。你会发现，心平气和、理智冷静地解决问题比生气要好得多。如此一来，气消了，问题也解决了，而且能够找到人生中的另一番祥和。

下次生气时，不妨试着让自己冷静一下，及时地反问自己："靠愤怒能解决问题吗？""我究竟要的结果是什么？""要用哪些步骤来处理令我愤怒的事件？"……如此自我询问后，你的思路会转移到如何处理事件，这时理性的力量会被唤醒，你就能把愤怒的包袱从双肩卸下来。

5

幸福人生的基础是不再抱怨

静观身边的生活，抱怨几乎无处不在，如影随形。人一旦心情不顺的时候，就开始牢骚满腹，开始怨天尤人，各种抱怨的想法会随之而来：工作的繁忙、生活的忙碌、薪水的微薄、沟通的障碍、情感的波折、天气的变化等等。生活中的各种大小事件，几乎没有什么不能是我们的抱怨对象。

然而，抱怨能给我们带来什么呢？

如果一个人从早到晚逢人就抱怨，向别人大吐苦水，结果只会是苦水越吐越多，越吐越苦，不但不能让自己身心舒畅，反而让别人因为我们的抱怨而深受影响，遭受了太多的不愉快，惹来一身的怨气。试想，有谁愿意和这样的人交朋友呢？这之后，你的抱怨会更加严重，你的心境也会更加糟糕。

你是否有过这样的经历：你心情很好的时候碰到一个朋友，这个朋友上来就说天气有多么糟糕，他的生活充满了各种不如意，简直就是一团糟。这个时候，你的大脑会随着他的语言思考，结果你脑中浮现一幅不愉快的黯淡无光的景象，你的心情突然间也会一落千丈。下一次，你是不是会尽量避开与这个朋友交流，敬而远之。这是为什么？因为我们不喜欢与成天抱怨的人相处。

事实上，很多时候我们不需要抱怨，甚至不需要言语，直接用我们的行为去改变一件事。有一句话说得好："如果不喜欢一件事，就改变那件事；如果无法改变，就改变自己的态度。不要抱怨。"当我们把关注的焦点放在如何解决问题上时，好好表达自己的期许，就会发现，问题原本可以得到更高效的解决。

如果你习惯抱怨的话，现在不妨试着把抱怨转成陈述事实。因为你不说怨言，怨言将无处宣流，你也将看清问题的真相，好好反省自己的行为，问题才能得到解决。这样一来，你会变成一个快乐的人，你的生活会有想象不到的大转变。

有这样一个故事：

一位女士因为丈夫的冷淡而苦恼不已，她常常对他大吼大叫："你总是这样健忘，想不起我们的结婚纪念日！""你已经很久都没有带我出去吃饭了，难道你的工作就那么忙？没有一点时间陪我？""你是人还是石头？我已经无法忍受你了！"……这样的抱怨口吻使得丈夫厌烦，索性对妻子越来越冷淡。

后来，她学着不那么抱怨了，改用温和的方式跟大家说话："亲爱的，我知道你的工作很辛苦，我提一些无理的要求令你很不高兴。但是，我觉得有时候也应该留点时间给自己，你说呢？我们一起出去散散心，或者先去野餐，然后再随便逛逛，那该多么美妙啊！"渐渐地，丈夫也改变了冷淡的态度，夫妻其乐融融。

从上例中看出，抱怨没有任何的用处，而且会使我们变成不被欢迎的人。那就要改变原有的方式，舍得心中的怨气，摒弃无休止的抱怨，努力做好自己该做的事情，凭借自己的力量改变所处的环境。

　　大学毕业后，毕业于律师专业的王宾一直没有找到合适的工作，暂且在一家保险公司当了业务员。刚到公司上班，王宾就发现公司里大部分人不敬业，对本职工作不认真，他们不停地抱怨着，抱怨工作难做，抱怨待遇太低，抱怨保险行业不景气，抱怨专业不对口……干活也提不起一点兴趣。

　　尽管王宾也很认同这些观点，但是他认为"抱怨半天又没有什么用，不也照样得工作吗？既然能找到这份工作，就要好好珍惜，力争把它干好吧。"就这样，他没有任何抱怨，而是一头扎进工作中，踏踏实实地干活。无论接受到老板的任何指派，他都一丝不苟地完成，没有任何的怨言。

　　但是，保险是一份让人很头痛、很难做的工作，王宾的工作开展起来也很困难，第一个月拿到的只是最基本的底薪。怎么样做才能让人们愿意接受保险业务员呢？为此，王宾在社区里举办了一场场"保险小常识"讲座，免费为社区居民讲解保险方面的常识。渐渐地，社区居民们对保险产生了兴趣。

　　接下来，王宾的工作进行得顺利多了，业绩突飞猛进，也受到了经理的重用，同事们的欢迎，时间一长，王宾居然后来者居上，成了公司里的"顶梁柱"。而那些只会抱怨个不停的同事，还是业绩平平，虚度着年华。

　　王宾深知抱怨无济于事，只有通过努力才能改善处境，他认认真真地从小事做起，在工作中踏踏实实，从来没有任何怨言。正是因为此，他取得了不俗的业绩，赢得了公司领导的赏识，获得了更多发展的机会。机会通常只会惠顾那些任劳任怨、埋头苦干的人，只知抱怨的人很难做出大成就。

请记住，永远都不要抱怨。你可以选择自己的言语，创造自己想过的生活。不抱怨是一种人生智慧，也是一种心灵修养，还是一种可以培养的习惯。当你不再以抱怨作为发泄情绪的方式时，你就走入了一个全新的世界。幸福的人生就是不抱怨的人生，快乐的世界就是不抱怨的世界。

第 11 章

向着光亮的那方行走

生活的快乐与否，完全决定于个人的心态。你的态度，决定了你一生的高度。生活中难免遇到烦恼和痛苦，但是假如我们换种角度、换个心态，调整脚步多往阳光处走，以阳光的情怀看待一切，你就会发现，事实远没有想象中的那样糟糕。随时打开你的心灵之窗，让阳光普照你的心灵吧！

1

生活总有雨天，记得给自己阳光

有一位老太太不管是晴天还是雨天她都会坐在路口哭，因为她的大女儿是卖伞的，二女儿是卖布鞋的。下雨时她哭，是因为今天二女儿没生意，晴天时她哭，是替卖伞的大女儿难过，所以人称她为"哭婆婆"。

一天，一位禅师遇到了哭婆婆，一语把她从迷雾中拉了回来，禅师说："老人家大可不必天天忧心。下雨的时候，你要想卖伞的女儿生意好；天晴的时候你要想卖鞋的女儿卖得好，这样你就自然就不会哭了。"

听了禅师的一番话，老太太顿悟，从此街头便有了一个总是乐呵呵的"笑婆婆"。

哭婆婆变成了一个笑婆婆，这里的关键就在于她看待事情的角度发生了改变。凡事总往坏处想，每天都有麻烦事，只能处处碰壁；凡事多往好处想，每天都是好日子，就会海阔天空。有什么样的想法，就有什么样的日子。明白了这个道理，那么我们就要调整自己的心态，凡事多往好处想。

如果将心灵比作一方土地，那么你种下什么，就能收获什么。每个人都有这样一块心田，关键在于如何耕种。如果你播上"良种"，如各种健康的思想观念、正确的生活理念，那么你就会收获这些良好的东西；相反，播撒"劣种"的话，它就会长满杂草逐渐荒芜，使人消沉萎靡，腐蚀人意志，消磨人生活热情和信念。

我们的选择决定了自己的心情，甚至改变了我们的际遇。既然这样，为何不耕好自己的"心田"，多往好的一面想呢？凡事多往好处想，是一种科学的人生态度，是一种健康积极的人生哲学，是心理健康之道，也是幸福快乐的不二法则。凡事多往好处想，你会发现事情远远没有想象的那么糟糕，再不幸的生活也可以是一片艳阳天。

苏格拉底单身时和几个朋友一起住在一间很狭小的小屋里，生活非常不便，但他整天都是乐呵呵的。有人问："那么多人挤在一起，你有什么可乐的？"苏格拉底说："我们随时都可以交换思想，交流感情，这是多么值得高兴的事情啊！"

过了一段时间，朋友们相继搬了出去，屋子里只剩下了苏格拉底一个人，但是他仍然很快活。那人又问："你一个人孤孤单单的，还有什么好高兴的？""一个人安静，我可以认真地读书，这怎能不令人高兴呢？"

几年后，苏格拉底搬进了一座七层大楼里，他住最底层。底层的环境很差，因为上面总是往下面泼污水，丢破鞋子、臭袜子和乱七八糟的东西。苏格拉底还是一副自得其乐的样子。那人又好奇地问苏格拉底为什么高兴，苏格拉底回答："住一楼进门就是家，上下楼、搬东西都很方便，而且还可以在空地上种花草……这些乐趣呀，数也数不尽！"

过了一年，七楼有一个偏瘫的老人嫌上下楼不方便，苏格拉底便将一层的房间让出来，搬到了七楼，每天他仍然是快快乐乐的。那人偷偷地问："住七层楼是不是也有许多好处啊？"苏格拉底说："是啊！没有人在头顶干扰，白天黑夜都非常安静；每天上下楼几次，有利于身体健康；光线好，看书写字不伤眼睛。"

后来，那人遇到苏格拉底的学生柏拉图，问道："你的老师所处的环境并不那么好，但他为什么总是那么快乐呀？"柏拉图说："你不能控制他人，但你可以掌握自己；你不能左右天气，但你可以改变心情。只要你想，每天都是快乐的。"

世间很多事情都是有利有弊，但是事情本身并无所谓好坏，关键在于你怎么想，是你的态度决定了你的生活是好是坏。美国最受尊崇的心理学家威廉·詹姆斯就曾说过这样一句话："我们的时代成就了一个最伟大的发现——人类可以借着改变自己的态度，改变自己的人生！"

比如，年过半百的你坐公交车时没有人给让位，你可能会感到沮丧、失望，但如果这样想："我还没有老，我还年轻。假如我老态龙钟的话，别人早就给我让座了。"心里势必会乐滋滋的，仿佛又年轻了许多！你为公婆付出了许多，跟着丈夫没享过福，此时不妨想想有地方住，有饭吃，双亲俱在，可以共享天伦，是不是觉得生活变得好了呢？

要获得快乐没什么秘诀，唯一的办法就是耕好自己的"心田"。只要心境明朗，自为自乐，我们往往就能获得生命的新意和对生活的一种全新理解，认识到每天都是个好日子。如此，人生还有什么事情能被困住的呢？

每天都是好日子，出自禅宗大师云门之口：

一个风清月皎的夜晚，云门禅师把弟子们召集在一起讲法，道："十五日以前不问汝，十五日以后道将一句来！"弟子们听了面面相觑，他便自己代答说："日日是好日。"这段对话非常有名，翻译成白话就是：云门禅师问弟子们："开悟以前的事我不问你们了，开悟以后的情境，你们试着用一句话说来听听！"弟子们冥思苦想，不知如何应答，云门禅师说："天天都是好日子呀！"

面对人生，安贫乐道，"春有百花秋有月，夏有凉风冬有雪，若无闲事挂心头，便是人间好时节。"春有百花，秋有圆月，不错，夏有凉风，冬有雪景，也很好；晴天时，则爱晴；雨天时，则爱雨；有乐趣时，则快乐，没乐趣时，也快乐，这绝对是超然豁达的境界，这份安然实在令人羡慕！

② 好运气，能"制造"

生活在纷杂的都市中，每个人不可能是一帆风顺的。或会遇到困难，或会遭遇挫折，或是体验各种变故，这时候有些人很容易会心烦意乱，或者萎靡消沉，甚至一蹶不振，陷入消极被动的恶性循环中，难以自拔。

你希望自己一辈子生活在绝望中吗？你甘愿自己一生平庸无为吗？如果你的答案是否定的，那么现在就调整自己的心态，学着用积极的心态看待生命中的不幸，你会发现内心获得了全新的感受，不利的局面将一点点打开。

因为，好运气，能"制造"。

你是否留意到：有时，你心里想要的东西会接连不断地出现在你眼前，你渴望发生的事情会奇幻般的发生。比如，你在街头行走的时候突然遇到了自己梦寐以求要见的人；你想要一个笔记本电脑，朋友果真将它作为生日礼物送给了你；在恰当的时间和地点遇到了一个满意的终身伴侣……相信很多人有过这样的体验。

想要什么就来什么，太玄妙了！听上去有些不可思议，实际上，这都是心态的作用。心态有时会决定人的命运，积极心态就是转运的阳光。因为，它会让你看到生活的另一面正阳光灿烂，激发自身内在的积

213

极力量，最大限度地挖掘自己的潜力，让事情向有利于我们的方向发展。

电影《倒霉爱神》恰恰给我们展示了这个事实：

女主人阿什莉好比上帝的宠儿，始终受着生活的眷顾。随便买一张彩票就能够中头奖；在繁忙的纽约街头想要搭计程车，很快就有好几辆车都向她驶来；毕业后不费周折就在一家知名的公司做了项目经理。她的生活和工作，可谓是一路畅通，惬意而幸运得让人嫉妒。

男主人杰克好比世上的天煞霉星，有他出现的地方就有霉运，医院、警察局、中毒急救中心，是他经常光顾的地方。新买的裤子看上去好好地，可一穿就断线；工作上他更没有阿什莉那么幸运，他不过是一家保龄球馆的厕所清洁员。

看到影片中这些零碎的片段时，众人不禁哑然失笑，但也会感慨：同样是人，为什么差别这么大？有人就是幸运，有人就是倒霉！其实，这不是运气的问题，而是心态在发挥作用。对于阿什莉来说，她的内心充满着对好运气的渴望，她所做的一切都在朝着好运的方向努力，积极的生活态度，自然给她带来惬意美好的生活；反观杰克，他为何就像一块倒霉的磁铁呢？那是因为他的潜意识里不断地提醒他，就快有霉运来了。于是，也就正如他所想得那样，倒霉的事真的接二连三地来了。

其实，人与人之间本来只有很小的差异，但这很小的差异却往往造成了巨大的不同！巨大的差异就在于凡事所采取的不同的心理暗示。美国企业家理查·狄维士也曾告诫我们说，"人们需要保持着内心积极的力量，从始至终永不放弃。特别是在人生中不如意、不顺心、不快乐的阶段，更是需要拥有充足的心灵资源来支撑度过。"

因此，面临人生过程中的逆境时，我们不必绝望，自甘堕落，而是要及时地调整情绪，改变自己的心态。只要我们以乐观、向上、愉悦的积极态度面对人生，就会发现，生活里原来到处都是"好运"就能突破重围，任何难题都将迎刃而解。这一点适用于每一个人。

那么，什么是积极的心态呢？让我们看看下面的例子吧！

查理出身贫寒，初中毕业后他就离开了家。慢慢地，他学会了赌博，斗殴，酗酒，同"边缘人物"混在一起。军事冒险者、逃亡者、走私犯、盗窃犯等一类人都成了他的同伴。最后，他因走私麻醉药物而被捕，受到审判并被判了刑。查理进监狱时声言任何监狱都无法关住他，他会寻找机会越狱。

但此时发生了一件事情，查理的妈妈寄来一封信："你提起被关在监牢多么难受，我真的可以理解。查理，你可以选择看着铁窗，也可以选择透过它看外面的世界；你可以成为囚友的榜样，也可以与那些捣乱分子混在一起。这一切，都在于你内心的选择。"看完妈妈的信，查理悔悟了，他决定停止敌对行动，争取好的表现，变成这所监狱中最好的囚犯，进而改变自己的人生。

积极的心态让查理看起来热切和诚恳，因而博取了狱吏的好感。从那一瞬间起，他整个的生命浪潮都流向对他最有利的方向，他顺利地获得了一份电工的工作。"我一定要干好这份工作，我可以的"，查理继续用积极的心态从事学习和工作，他成了监狱电力厂的主管人，领导着一百多个人，他鼓励他们每一个人把自己的境遇改进到最佳的地步，最终他和他的囚友们都提前出狱，重回社会。

查理曾经被判刑入狱，如果他继续往原来的方向奔去，谁知道他会怎样的人。幸好妈妈的信件，使他学会了用积极的心态去解决他的个人问题，终于把他的世界改造成为适合生活的更好的世界，他得到了平静的心情、幸福、热爱和人生中有价值的东西，这就是积极心态的力量。

可见，积极的心态就是用积极的思想、语言不断提示鼓励自我、安慰自我，克服悲观、沮丧和恐惧心情。在内心里认为自己能够成功、正在进步，并且会越来越好，从而使心理状态得到自我调整，激发出自身内在的积极力量，进而最大限度地挖掘出自己的潜力。

詹姆士·艾伦说，"一个人会发现，当他改变对事物和其他人的看法时，事物和其他人对他来说就会发生改变——要是一个人把他的思想朝向光明，他就会很吃惊地发现，他的生活受到很大的影响。人不能吸引他们所要的，却可能吸引他们所有的……能改化气质的神性就存在于我们自己心里，也就是我们自己……一个人所能得到的，正是他们自己思想的直接结果……有了奋发向上的思想之后，一个人才能奋起、征服，并能有所成就。"

"安利之父"、美国著名的企业家理查·狄维士也极为推崇积极的心态，他甚至将毕生卓越的经营理念就归结为"积极思考"，或称为"积极心态"。他认为，"拥有积极向上的心态，这是培养领导力、取得事业进展的关键；生活在当下的每一个人，都需要掌握积极思考的智慧。"

记住，你的心态是你，而且只有你，唯一能够完全掌握的东西。练习控制你的心态，并且利用积极心态来引导它。接下来就很简单了，等待好运的出现，这是真的！就如日本西田文郎所言，"我敢如此断言，因为幸运是有原则的，只要遵循着幸运的大原则去生活，人生就会一路幸运，好运挡也挡不住。"

一些有重要意义的提示语，以供参考：

如果相信自己能够做到，你就能够做到；

在我生活的每一个方面，都一天天变得更好而又更美好；

我凭借自己的行动，就能变成我想做的人；

我觉得自己很棒，好得不得了！

……

3

假装的艺术

在生活中，你有没有过这样的体验：当你认为周围的事不顺心，处处都是烦恼时，心里就会产生烦躁情绪，做起事来更急躁，对他人也更没有耐心。结果，这很容易令你所做的事情出现差错，使你的人际关系变得糟糕，而这又会导致你情绪低落，久而久之居然形成了一种恶性循环。

怎么办？日子总是要继续的。如果你暂时无法改变这种境遇，那么你可以做到改变行动，然后通过行为来改善情绪。也就是说，接受这一切，然后把嘴角上扬，装出一副开心的样子，勇敢地面对它。

假装快乐，假装微笑，也许刚开始很像自我欺骗，有点勉强，但是假装快乐确实是一种快速调整情绪的好方法，可以使人们尽快脱离不良情绪。形成习惯以后，快乐就仿佛长在了身上，成为了身体的一部分。关于这一点，就连实用心理学顶尖大师威廉·詹姆斯也说："如果你不开心，那么，能变得开心的唯一办法是开心地坐直身体，并装作很开心的样子说话及行动。"

这是因为，人类身体和心理是互相影响、某种情绪会引发相应的肢体语言，肢体语言的改变同样也会导致情绪的变化，当无法调整内心情绪时，你可以调整肢体语言，带动出你需要的情绪。比如强迫自己去微笑，就会发现内心也开始涌动欢喜，所以假装快乐，你就会真的快乐起来，这就是身心互动原理。

不信？你可以先在脸上堆起一个大大的真诚的微笑，放松肩膀，深吸一口气，再唱首歌。如果不会唱，就吹口哨，不会吹口哨的，就哼唱。很快，你就会明白威廉·詹姆斯的意思——如果你的行为散发的是快乐，就不可能在心理上保持忧郁，体会了其中的真谛，你的人生将会充满快乐。

我们来看一个经典的故事：

有一个女孩在她小时候因为不小心跌倒，结果左额上留下了一块伤疤。这让她觉得自己很丑，她不愿意和别人打招呼，甚至不愿意抬头走路，每天情绪都很低落。一天，妈妈送给女孩一只发卡，发卡别在头发上正好挡住了那块伤疤。女孩立刻觉得自己变漂亮了，于是就别着发卡出门了。

一整天女孩都觉得心情很好，好像每个人对她都比平时更亲切。她也主动和别人打招呼，上课听讲也更认真了，因为她觉得好像每个老师都在注意她。回到家里，女孩兴奋地和妈妈说："妈妈，你送给我的这个发卡实在太神奇了！我从来没有感觉这么好过。"接着，她把当天在学校发生的一切和妈妈讲了。

妈妈听后，纳闷地说："女儿，可是你今天并没有戴这个发卡啊。你看，早上你出门后，我在门口捡到了它！"

故事中这个女孩的变化，与其说是因为发卡的存在，不如说是一种假装的艺术，她觉得自己很开心所以就真的很开心。这也正好验证了世界级潜能开发专家安东尼·罗宾所说:"你有什么样的感觉,你就有什么样的生活。"

既然微笑是最美丽的符号,我们为何要板着脸不苟言笑呢?许多事情我们无法改变,但好心情也要随之消失吗?当然不是,即使那些没有头绪的问题使你焦头烂额,但起码也要使自己保持好情绪。笑一笑,那样好心情不仅挂在你脸上,而且喜在你心头,快乐就真的会源源不断向你"袭来"。

山姆原本是一个不起眼的年轻人,他的工作就是每天站在工厂里的车床旁边卸下螺丝钉。一开始他非常厌倦这个工作,但当他发现无法改变现状时,就想:"与其这样郁闷,倒不如开心一点吧。"琢磨来琢磨去,他决定和旁边的同事比赛。他们一个磨平螺丝针头,另一个负责整修螺丝钉的大小。

接下来,山姆将工作当成了一项快乐的游戏,他整天精神百倍地工作着,优秀的成绩使他赢得了很多赞誉。对此,山姆解释道:"虽然只是假装喜欢自己的工作,但我真的就多少有点喜欢它了。后来,我发现自己真的喜欢上了这份工作,一旦喜欢了自己的工作,效率就提高了。"

听着大家的称赞,山姆更加喜欢这个工作了,结果这种新的工作态度,使经理认为他是个好职员,山姆很快被提升到更高的职位。山姆的优秀表现使这条晋升之路一帆风顺,最终成为了行业中的佼佼者!"竞争如此激烈,我不能垮掉,也不敢垮掉,我就假装快乐。微笑是免费的,假装快乐不用花一分钱,但它们却能伴随我渡过许多难关……"这正是山姆的成功秘诀。

在这里，山姆看似是能力的提升，其实是一种情绪的变化，一种自我心理调节，他的"假装快乐"最终弄假成真了。如果当初他没有假装快乐，他就不会改变对工作的态度，或许他这一辈子都只是一个卸螺丝钉的基层工人。

可见，情绪不仅需要修炼，还要学会演绎，也就是说，有时候我们通过"表演自我"，将调整而得的最佳身心状态"诱导"出来。当然，这种表演并不等于虚伪做作，而是借助脸部或者身体表现出积极的情绪状态，进而把积极信号反馈回大脑，然后再诱发出真实的情绪感觉。

假装不只是一种快乐的哲学，更是一种人生的境界。作为一个奔波在繁杂都市中的普通人，我们每天都不可避免地要面临各种各样的难题。当你对现状无能为力时，当你对生活心有不满时，不要乱，不要慌，深吸一口气，稳定心神，微笑着告诉自己："一切都很好，是的，我能应付。"

4

你的微笑，最有力量

世界上有一种很美丽的语言，它不需要你夸夸其谈，更不需要你画蛇添足去粉饰，但它却能传递给别人最奇妙、最具杀伤力的阳光般的温暖，不仅能给生命带来春天般的温馨气息，更能融化冰雪般的悲伤——它就是微笑。正如诗人雪莱所说："微笑是仁爱的象征，快乐的源泉，亲近别人的媒介。"

有一个穷苦的妇人，带着一个大约四岁的小女孩在逛街。走到一架快照摄影机旁，孩子拉着妈妈的手说："妈妈，让我照一张相吧。"妈妈弯下腰，把孩子额前头发拢在一旁，很慈祥地说："不要照了，你的衣服太旧了。"孩子沉默了片刻，抬起头来说："可是妈妈，我会面带微笑的。"

"我会面带微笑的。"小女孩的这句话听起来没有什么特别。可是在现实生活中，并不是每个人都能做到这一点。假如你在摄像机前也像那个贫穷的小女孩一样，穿着破烂的衣服，一无所有，你能坦然而从容地微笑吗？恐怕，很多人会怨天尤人，发牢骚，自怨自艾，甚至堕落放纵……

然而，这一切并不会帮到你什么，只让你的生活笼罩着痛苦和沮丧的迷雾里。与其这样，我们不如开阔心境，为何不快快乐乐地生活呢？即使在困境中，我们的脸上也始终带着微笑；即使在面前有再大的困难，我们也能迅速地迎刃而解，我们的生活也会充满灿烂的阳光。

"人，不能陷在痛苦的泥潭里不能自拔，遇到可能改变的现实，我们要向最好的方向去努力，遇到不可能改变的现实，不管让人多么痛苦不堪，我们都要勇敢地面对，温和一点、宽容一点。用微笑把痛苦埋葬，才能看到希望的阳光。"这段话摘自颇有影响的作家伊丽莎白·康黎《用微笑把痛苦埋葬》一书。

让我们一起来看看她的故事吧！

"二战"期间，在庆祝盟军于北非获胜的那一天，家住美国俄勒冈州波特兰的伊丽莎白·康黎女士收到了国防部的一份电报：她的儿子在战场上牺牲了。这是她唯一的儿子，也是她唯一的亲人，那是她的命啊！伊丽莎白·康黎无法接受这个突如其来的严酷事实，她痛不欲生，心生绝望，觉得人生再也没有什么意义。于是她决定放弃工作，远离家乡，然后找一个无人的地方默默地了此余生。

在清理行装的时候，伊丽莎白·康黎忽然发现了一封几年前的信，那是儿子在到达前线后写给她的。信上写道："请妈妈放心，我永远不会忘记您对我的教导，无论在哪里，也无论遇到什么样的灾难，我都会勇敢地面对生活，像真正的男子汉那样，能够用微笑承受一切不幸和痛苦。我会永远以您为榜样，永远记着您的微笑。"伊丽莎白·康黎把这封信读了一遍又一遍，"是啊，我应该像儿子说的那样，用微笑埋葬痛苦。我没有起死回生的神力改变现实，但我有能力继续生活下去。"

后来，伊丽莎白·康黎打消了背井离乡的念头，她再度开始工作，不再对人冷淡无情。同时，为了找出新的兴趣，结交新的朋友，她还参加了一个成人教育班。再后来，她打起精神开始写作，立足于自己的经历，著成了《用微笑把痛苦埋葬》这本书，一举成就了她作为一名出色作家的荣誉。

"用微笑把痛苦埋葬，才能看到希望的阳光。"伊丽莎白·康黎说得多好啊！伊丽莎白·康黎用微笑将痛苦埋葬，用希望代替了绝望，走过了艰难岁月，让快乐成为了生活永恒的格调。她的故事再一次启迪我们：微笑能将残酷的现实掩埋，用微笑去对待生活，那么生活也必然会对你微笑的。

有一位哲学家曾经说过："微笑对于一切痛苦都有着超然的力量，甚至能够改变人的一生。"这句话说得真好，生命的意义与目的在于无限地追求快乐和避免痛苦。不管现实让人多么痛苦不堪，我们都不能陷在痛苦的泥潭里不能自拔，而应该保持一份微笑，用微笑埋葬痛苦。

寒梅无法选择季节，但却傲视冰霜；秋菊无法选择时令，却在秋天盛开；人无法选择无痛的命运，那就学会微笑吧！微笑是一种心态，心态得益于修养；微笑是一种境界，境界依靠的是磨炼。真正懂得微笑的人，总是容易吹散郁积在心头的阴霾，获得比别人更多的成功机会，让生活井然有序地前行。

不论是《摩登时代》还是《淘金记》，在电影中永远扮演草根阶层的卓别林，面对挫折也好，幸运也罢，总是报之以一个憨厚淳朴的微笑，微笑成了卓别林的默片的标志物。对于微笑，卓别林这样解释："微笑吧，即使胸口怀着伤痛；微笑吧，不管伤心往事在心中。当天空布满阴云，你都将渡过难关，只要你在恐惧与悲痛中微笑、微笑，也许明天，就能看到阳光普照。"

　　所以，当你觉得痛苦时，不妨微笑，再微笑，让所有的微笑在阳光下绽放，不让任何微笑滞留在生命的罅隙。你会惊喜地发现，心中的仓促和不安静止了，世界的大门为你敞开了，原来生活如此美好。让自己的每一天在微笑里前行，无畏无惧，这是岁月使然，也是生命的必然。

5

光明下欢笑是本能，黑暗中欢笑是品质

太阳东升西落，于是就有了一天的昼和夜。昼夜交替，顺逆相依，这本是自然运转的规律。问题是很多人身处黑夜，看不到希望，看不到转机时，往往如同热锅上的蚂蚁，失去理智，不能判断方向，手忙脚乱，结果无功而返。

身处黑夜困境并不可怕，可怕的是丧失斗志、放弃希望。人生的成功与否，其实在于心境，在于我们能否在黑夜中寻找光明。事实上，黑暗中我们还有很多事情可做，比如顺手"摘下一个苹果"。

这里有一个很动人的小故事：

在一座香火旺盛的寺庙里，住持年事已高，便想从众多的弟子中，选出一个能担当大任的人继承他的衣钵。为了公平起见，这天，他将所有弟子召集在一起，吩咐说："每人去南山打一捆柴，谁打的柴最多，我就将住持的位置传给谁。"

徒弟们听后，欢呼雀跃，心想：不就打一捆柴吗？这有何难。匆匆行至离山不远的河边，人人都目瞪口呆。只见洪水从山上奔泻而下，无论如何也休想渡河打柴了。无功而返，弟子们都有些垂头丧气。唯独一个小和尚与住持坦然相对。

住持问其故，小和尚从怀中掏出一个苹果，递给住持说："过不了河，打不了柴，见河边有棵苹果树，我就顺手把树上唯一的一个苹果摘下来了。"后来，这位小和尚成了住持的衣钵传人。

记得诗中有这样一句话："黑夜给了我黑色的眼睛，我却用它寻找光明。"的确，身处黑夜，不自暴自弃，仍然仰望光明并孜孜以求，哪怕抓住的只是身边细小的机会，有可能只是捡到一个"苹果"，也有可能使自己成为一个自强不息的人，谱写出一曲自强不息的人生赞歌。

纵览古今，抱定这样一种生活信念的人，最终都实现了人生的突围和超越。其中，海伦·凯勒就为我们树立了光辉的楷模。

1880年，海伦·凯勒出生于美国亚拉巴马州北部一个叫塔斯喀姆比亚的城镇。在她一岁半的时候，一场大病夺去了她的视力和听力——她再也看不见、听不见，接着她又丧失了语言表达能力。海伦仿佛置身在黑暗的牢笼中无法摆脱，万幸的是她并不是个轻易放弃的人，她渴望光明。

不久，海伦就开始利用其他的感官来探查这个世界了。她跟着母亲，拉着母亲的衣角，形影不离。她去触摸，去嗅各种她碰到的物品。她模仿别人的动作且很快就能自己做一些事情，例如挤牛奶或揉面。她甚至学会靠摸别人的脸或衣服来识别对方，她还能靠闻不同的植物和触摸地面来辨别自己在花园的位置。

当然，对于一个聋盲人来说，要脱离黑暗走向光明，最重要的是要学会认字读书。而从学会认字到学会阅读，这过程更要付出超乎常人的毅力。海伦是靠手指来观察家庭老师莎莉文小姐的嘴唇，用触觉来领会她喉咙的颤动、嘴的运动和面部表情，而这往往是不准确的。她为了使自己能够发好一个词或句子，要反复地练习，最终她凭借自己的努力考入了美国哈佛大学的拉德克利夫女子学院。在大学学习时，许多教材都没有盲文本，要靠别人把书的内容拼写在手上，因此海伦在预习功课的时间上要比别的同学多得多。当别的同学在外面嬉戏、唱歌的时候，她却在花费很多时间努力准备备功课。

就在这黑暗而又寂寞的世界里，海伦竟然学会了读书和说话，并以优异的成绩毕业，成为一个学识渊博，掌握了英、法、德、拉丁、希腊五种文字的著名作家和教育家，她的《假如给我三天光明》感人至深。之后，她走遍美国和世界各地，为盲人学校募集资金，把自己的一生献给了盲人福利和教育事业。她赢得了世界各国人民的赞扬，并得到许多国家政府的嘉奖。有人曾如此评价她："海伦·凯勒人类的骄傲，是我们学习的榜样，相信众多的有疾病而聋、哑、盲的人都能在黑暗中找到光明。"

阴影恰好证明了阳光的存在，在黑夜中也能寻找到光明，海伦·凯勒并没有因为自己视野的盲区而遮住人生绚丽多姿的风采。原来，眼盲并不算是永别了光明。世界上没有无边的黑暗，只要拥有坚强的毅力和不惧黑暗的勇气，终究会看到黎明时喷薄欲出的太阳，这也正是追求光明的意义所在。

假设，如果海伦·凯勒的心完全被黑夜占据，迷失在自我的沉沦中，那么即使艳阳高照，她的心仍然是冰冷的，生活是阴郁的、黑暗的，更别提做出一番有意义的作为了。也就是说，一个人如果心中没有了希望，也就没有了斗志，他就被彻底地击败了。没有理性的照耀，才是真正的黑暗。

中国有一句古话，叫天无绝人之路，绝境之中往往也蕴含着机会。只要我们不绝望，不放弃，保持坚定的信心，在困境中找希望，哪怕这个希望只有万分之一，哪怕有可能只是捡到一个"苹果"，但这就是转机，是我们能否成功的关键。正可谓"幸运之神的降临，往往因为你多看了一眼"。

青霉素的发明就是一个很好的典型：

英国医学家亚历山大·弗莱明多年来一直在进行细菌的研究工作，他的研究对象是能置人于死地的葡萄球菌，为此需要经常培养细菌。1928年的一天，由于葡萄球菌培养基的盖子没有盖好，靠近封口的葡萄球菌被溶化成露水一样的液体，而且显示为惨白色。看来这次实验又失败了，弗莱明有些苦恼。

弗莱明刚想把这个"坏掉"的培养基扔掉，但是他又看了看，心想："这是什么物质呢？一定是有一种奇特的东西，把毒性强烈的葡萄球菌制伏了，消灭了。"于是，他对封口的泥土进行了化验和提炼，加倍仔细地观察、分析。终于，一种能够消灭病菌的药剂——青霉素被发现了，人类医疗事业翻开了新的一页。

巴尔扎克说过这样一句话："机缘的变化极其迅速，显赫的声名总是无数的机缘凑成的。"这并不是说幸运的机缘有多么吝啬，而是要我们善于发现机缘。这种善于便是在黑暗中寻找光明，比他人再"多看一眼"，别忘了摘个"苹果"来，不放过任何一个可能，并努力将它变为一种成功。

欢乐常有，不顺心的事也不可避免。在光明下欢笑是一种本能，而在黑暗中欢笑则是一种品质。在黑夜中寻找光明，需要具有"天生我材必有用，千金散尽还复来"的旷达，需要具有"采菊东篱下，悠然见南山"的闲适。这是一种心胸之宽广，是一种力量之博大，更是一种从容的安然。

6

放下，刹那花开

　　人们之所以在感情里糊涂，生活中忙碌，职场中沉浮，人生中迷茫，整日心烦意乱、劳苦负累而不得超脱，皆因有所牵挂、放不下造成的。人在心情不好的时候会不自觉地紧抱着不好的心情：关门不跟人说话，或是嘟着嘴生闷气，或是锁着眉头胡思乱想，结果心情只会越来越糟糕。

　　一个老和尚带一个刚出家的小和尚去山下化缘，小和尚一路上都恭恭敬敬地看着师父。他们走到一条小河边的时候，看见一位美丽的少女在那里踟蹰不前。由于穿着丝绸的罗裙，无法跨步走过河滩，少女便请求和尚们背自己过河。

　　老和尚毫不犹豫地背起这个少女下了水，蹚过湍急的河水把少女背到了对岸，放下少女，老和尚默不作声地继续往前走。但是，小和尚却不能安心地走了。他一直在想师父不是老和我说我们出家人不能近女色的吗？为什么他刚刚背着少女过河呢？

　　离开河边20多里地了，小和尚还是一直被这样一个问题困惑着，一路纳闷着。最后，小和尚终于忍不住了，问老和尚："师父，你不是说我们出家人不能近女色的吗？为什么你就能背那个漂亮姑娘过河呢？"

"呀，你说的是那个女孩啊，我早已经把她放下了，你怎么还背着她呢？"师父答道。

与师父相比，小和尚显然在生活智慧上还有很大差距。他不懂得放下，一直纠结于师父背少女过河的事情，结果给自己带来了诸多烦恼。相信很多人是那个无法"放下"的小和尚；与之相反，老和尚始终明白这样一个道理：生活中要想获得快乐，就必须要放下这个，也放下那个！

什么是放下？放下不是一味的冷漠，不是一味的逃避，不是一味的恐惧。放下，是要从心里面去放下。放下，如果得法，就是我们最好的安心剂。生活的快乐与悲伤、生命的长度与深度就在一收一放之间，尽数了然。

有一位母亲抱着死去的儿子尸体去求佛让他儿子死而复生，佛祖跟她说："请接受你儿子死去的事实，放下吧！"

女人说自己放不下，依然央求。

佛祖从地上捡起一把干草，让女人用手拿着，然后从另一头点火。

火烧到女人手时，女人痛得把干草掉在地上，儿子的尸体也跟随掉了下来。

佛祖曰："不放下的话，你只有痛。"

生活在都市的繁忙下，很多人总是喊着活得太累，工作压力大、生活负担重、人际交往复杂，为什么会这样呢？这正是因为很多人放不下，紧抱着不好的情绪，而不肯放过自己。事实上，如果我们都像佛陀指示的那样能够放下，便会获得轻松，获得幸福。我们无法左右命运的走向，但是却可以放下心中的负担。

放下，需要勇气；放下，是种境界。放，是痛定思痛后的清醒，是超越世俗的大智慧，是画龙后的点睛，更是深刻后的平和。正如一句话所说："握紧拳头，你的手里是空的；伸开手掌，你拥有全世界。"

因此，我们要想拥有好心情，就得从坏心情中开脱。对于那些给自己制造困扰的想法，要狠下心来，把它抛开，这样就能从烦恼的死胡同中走出来，就能拥有一份好心情，进而在生活中应付自如。

在《禅意与化境》中有一则关于佛陀的传说：

一个信徒一手拿着一个花瓶，前来献佛。

佛陀对信徒说："放手！"

信徒把他左手拿的那个花瓶放下。

佛陀又说："放手！"

信徒又把他右手拿的那花瓶放下。

然而，佛陀还是对他说："放手！"

这时，信徒说："我已经两手空空，没有什么可再放的了，请问你要我放手什么？"

佛陀说："我要你放的是你的六根、六尘和六识。当你把这些统统放手，再没有什么了，你将从生死的桎梏中解脱出来。"

本自清净，无物可放，亦无物可得。烦恼是外来之物，那就该放就放下吧。

你心里的不快，世界的浮华纷扰，你放下了吗？

舍得，舍得，就是有舍才有得。

放下，你将解脱烦恼，享受自在人生。

放下，你将快乐淡定，心灵刹那花开。

放下，是在以另一种方式诠释着人生……

7
用幽默的心情看待人生

职场失败的酸楚，人际关系的不协调，生活上的经济窘迫等，这些不如意都会给都市人士带来很多的烦恼。这时候，如果我们情绪上低落、忧虑，或者紧张等，那么多少都会影响到正常的思维，不能全面分析问题，进而将快乐推得更远。

此时，为何不试着幽默一下呢？在心理防御机制中，幽默是化解痛苦的一种有效方法。很多心理学家根据多年的实验得出了这样一个心理学结论：当你有痛苦的时候，用幽默的方式去理解痛苦，你会得到更多正面的解释，更容易了解痛苦的合理性，从而降低痛苦对你的负面影响。

张炜是某公司的业务代表，最近他不幸地患上了强迫障碍，在走路时控制不住地想跳过井盖，这令他非常沮丧。晚上他躺在床上时想："遇到困难时别总垂头丧气，想一些高兴事吧！对，想想卓别林演的电影吧。自己总强迫性的跳过井盖，就好像电影中那位男主人公一样，见到螺丝一样的东西就拿扳子拧，在工作流水线上拧螺丝，下班去拧女士们大衣的纽扣。"当张炜想到幽默大师那么认真、幽默的表演时，止不住笑了起来，心情一下子变得好多了。

由于这种症状影响到了工作，张炜从总公司被调至分公司服务。决定人事变动的经理以安慰的口吻对他说："你也用不着气馁，不久以后，我们还是会把你调回总公司的！"已经尝到幽默"甜头"的张炜以第三者的口气，潇洒地说道："哪里？我才不会气馁呢！我只不过觉得有像老干部退休时的心情而已。"

面对身体的疾患，面对工作上的调动，任谁都无法坦然地接受。但是张炜不气馁，不暴躁，他懂得靠幽默来调节自己，从而消除了内心的郁闷，使自己以良好的心态投入到生活和工作中去。的确，烦恼、痛苦、忧虑、紧张会影响我们的理性，而幽默恰恰可以化解这些负面因素，促使理性的回归。

乐观与幽默是亲密的朋友，生活中如果多一份乐观与幽默，就没有克服不了的困难，也不会整天愁眉苦脸、忧心忡忡了。用幽默的心情看待人生，其实正是现代都市人应有的生活态度。有幽默感的人，凡事健康思考，保持正面态度，当遇到麻烦时，往往容易化险为夷。

出身穷苦的林肯曾多次面对挫败，八次竞选八次落败，两次经商均以失败告终，甚至还精神崩溃过一次。然而，在这当中他学会以自嘲、调侃、讲大白话等幽默方式来排解无尽的烦恼，营造内心的愉悦，进而改变了自己的人生，也改变了自己的命运，最终成为美国历史上最伟大的总统之一。

下面是几则林肯的小事，我们完全可以领略其幽默的穿透力。

林肯的容貌并不是很帅气，他自己也知道这一点。一次，他和竞选对手斯蒂芬·道格拉斯进行辩论，道格拉斯指控林肯说一套做一套，是一个地地道道的两面派。林肯答道："现在，让听众来评评看。要是我有另一副面孔的话，您认为我会戴这副这么难看的面孔吗？"他的话逗得哄堂大笑，连道格拉斯本人也跟着笑了起来。

林肯当上总统后，由于出身低微，总有政敌想方设法来侮辱他。在一次公开场合，他收到下面传来的一个纸条，上写"笨蛋"两个字。林肯瞄了一眼，知道这是有人在捣乱。他没有生气，而是笑着对广大听众说："我们这里只写正文，不记名；而这个人只写了名字，没写正文。"

林肯的妻子做了总统夫人之后，脾气愈来愈暴烈。她不但随意挥霍，还常对人大发淫威，一会儿责骂裁缝收费太多，一会儿又痛斥杂货店的东西太贵。有一位吃够了总统夫人"苦头"的商人找林肯诉苦，林肯苦笑着说："先生，我已经被她折磨了15年了，你只需要忍耐15分钟不就完了吗？"

林肯的笑是苦恼的笑，是一种在困境中的乐观，这使得他的乐观幽默更有感染力，也更深入人心。美国人常说："比起林肯受过的苦，我眼下的苦算得了什么？"美国人还常说："林肯总统受那么多苦都能够变得幽默起来，那么我也能。"幽默，是林肯一生修炼的功夫，也是其人格魅力之所在。

一位禅师说："聪明的人懂得幽默，幽默的人充满阳光，阳光的人快乐地生活。"当生活中遇到什么难题时，我们不妨来一点幽默。有了幽默，我们就能以微笑来代替苦恼；借着幽默的力量，我们能使自己超越痛苦。

那么，我们应当怎样培养自己幽默的能力呢？首先，幽默是一种智慧的表现，它必须建立在丰富知识的基础上；其次，心态要积极健康，性格要开朗乐观，对生活充满信心与热情，为人雍容大度，不能斤斤计较；再次，要有高尚的情趣、丰富的想象，从而做到妙趣横生，恰如其分，合于时宜。

幽默是人类生活困境而创造出来的一种健康品质，它以愉快的方式方法体现人的真诚、大方和善良的心灵。它是追求向上者希望人生重担所必须依靠的"拐杖"，能使人自在地感受到自己的力量同时，独立应付任何困境，战胜任何困难，更可能改变一个人的性格，甚至改变一个人的生活和命运。

第 12 章

就让我做我自己

> 修心之路人人不同，不用比较，自己上路就是了。至
> 于结果如何，那都是你自己选择的。不过，快乐不是拥有
> 的多，而是计较的少！"美慕，嫉妒，恨！"不如"努力，
> 奋斗，拼！"安心做自己，追寻属于自己的生活吧！生存
> 本就不易，何苦为难自己？

1
幸福是属于自己的事儿

你买了一枚金戒指，我就要买一条金项链；你买 100 平方米的房子，我就要买 150 平方米的房子；你签了一份大订单，我就要拿下一张更大的单子；你升职为部门经理，我就要当级别更高的 CEO……留心一下，生活中这种"比阔"的现象随处可见。这样的事儿，你有没有做过？

喜欢"比阔"、喜欢攀比未尝不是出于一种竞胜之心，可以激励一个人努力追求自己尚未达成的目标。但攀比之"陋"在于人们所比的总

是那些最看得见、摸得着的东西，疏离了精神价值，必然烦恼丛生。正如哲学家所说："生活之累，一半来源于生存，一半来源于攀比。"

　　玛丽是一位都市白领，婚后一直和丈夫租房住。后来一位朋友买了新房，玛丽眼红心动，和丈夫吵着闹着要买房。由于资金有限，两人精挑细选后在郊区定了一套两居室的房子。住自己的家自然舒适又方便，玛丽心中乐开了花。

　　但是没过多久，另一位好朋友也买了一套房。装修好后，朋友打电话让玛丽到家里参观。朋友的房子地段好，而且房子还很大，里面装修也很高档，玛丽原本买到房的好心情被朋友"更好"的房子给冲击掉了。

　　再回到家，玛丽怎么看都觉得自己的房子不够好，再也没有舒适、方便的感觉了，后来她又劝丈夫"重新动动"。要在市区买房，而且还偏要和那位朋友住同一栋楼，夫妻俩为此整日口舌之争、身心之疲，好好的家庭从此变得鸡犬不宁。

　　这就是攀比心理作祟的后果！攀比，会把自己的生活重心放在别人身上，将幸福建立在与他人比较的基础之上，只要尝试过一次"更好"的滋味，就想寻求到更多的"更好"。有道是"山外青山楼外楼"，别人那里总有"更好"的，于是自己所得到的变得毫无生机和意义，这是一个很不明智的决定。

　　幸好，人是能够主导自己的。面对自己和别人的差距，假如我们能够摆正自己的心态，学着不比较，就能在很大程度上减少内心的不平衡感，从而获得内心的满足感。要知道，每个人都是一个完全不同的个体，人与人之间的差异永远存在，因此根本不具可比性，比或被比，都不是寻找这种美好生活的正确途径。

更何况，凡事就像一枚硬币，有正的一面，就要有反的一面。生活也不例外，它是公平的，你得到了什么，都要以另一种方式付出代价。所谓"家家都有一本难念的经"，正是这个道理。别人的房子好，花的钱也会多，付出的辛苦也自然就越多。自己不想太累，不想背负太重的经济负担，买一个适合自己的就好，自己享受自己当下的惬意生活，有什么好比较的呢？

清朝郑板桥做官前后均居住在扬州，以书画营生，他在《道情十首》中写道："门前仆从雄如虎，陌上旌旗去似龙，一朝势落成春梦，倒不如，蓬门僻巷，教几个，小小蒙童。"这句话正是警戒我们：何必羡慕别人一时的幸运与眼前的煊赫？要知道，那种虚荣是不会久长的，还不如教书清高！

所以，当我们心情烦躁的时候，请自问一下：自己是否正处于比较后不平衡的心理状态下？如果是，请赶紧远离这种比较。与其攀比别人，不如汲取一些别人的成功经验，内化为自己的优秀品质，尽最大的努力过好自己的生活。你会发现，你的生活充满了愉悦、安然和幸福的味道。

L小姐和M小姐是同窗好友，L小姐的个人能力及家世都好，步入社会后事业即一帆风顺，短短几年就位居某公司经理，有房有车，意气风发，不可一世；而M小姐虽有才能，不知是努力不够还是运气较差，几年下来工作始终不如意。

M小姐一度眼红L小姐的优秀，心里不免有股怨气："哼，以后我要买比你更大的房子"、"买比你更高级的车子"、"我要比你更有出息"……但是，很快 M 小姐发现这种攀比的生活方式一点也不快乐，于是她决定开始调整自己的心态："我的房子不大，但温馨就好；我的工作平凡，但找到自己的价值就好……"、"L 小姐的生活虽然值得羡慕，但这些也都是她一步步奋斗出来的。"

之后，M 小姐不再与 L 小姐攀比，而是开始安心地做自己的工作，并努力培养自己的实力。她对于工作是极其认真的，稳扎稳打，最终凭借多年累积的经验、实力及资源，M 小姐获得了施展的空间，事业渐入佳境。

幸福是属于自己的事儿，从来就好端端地在那里，不增也不减。保持平和的心态，知道自己想要什么，不和别人攀比，尽自己所能，无愧于社会、无愧于他人、无愧于自己，那么，我们的心灵圣地就一定会阳光灿烂，鲜花盛开。这是一种生活的智慧，也是一种生活的姿态。

如果你真的想比较，那么不妨与那些不如我们的人相比。美国作家亨利·曼肯说过："如果你想幸福，有一件事非常简单，就是与那些不如你的人，比你更穷、房子更小、车子更破的人相比，你的幸福感就会增加。"

❷
如果"我"是"他"，未必更快乐

有这么一则寓言：

猪说假如让我再活一次，我要做一头牛，工作虽然累点但名声好啊；牛说，假如让我再活一次，我要做一头猪，吃罢睡，睡罢吃，活得赛神仙；鹰说，假如让我再活一次，我要做一只鸡，渴有水，饿有米，住有房，还受人保护；鸡说，假如让我再活一次，我要做一只鹰，可以翱翔天空，云游四海。

这是很有意思的一种现象，可谓美好风景永远在别处。现实生活中，不少都市人士总是不由自主地羡慕别人所拥有的东西，小孩仰慕大人的成熟稳重，大人怀念儿时的清纯率真；女孩羡慕男孩坚强豪放，男孩也会偷偷羡慕女孩的娇嗔妩媚……

殊不知，每个人在这个世界中都是一朵独一无二的花朵。每一朵鲜花都以自己独特的姿态展现在人们的面前。如果你拥有一朵百合，那么就不必羡慕玫瑰。的确，玫瑰有玫瑰的娇艳，但百合也有百合的清雅，两者根本没有可比之处，两者都是美好的，没有必要互相羡慕，不是吗？

更何况，每个人都不像我们想象的那么美好，不如我们眼中看到的那么光鲜。每个人都是在理想和现实的差距中努力、挣扎、痛苦着，又都不愿让别人看到自己弱的一面，不愿让人觉得自己活得比别人差，所以展示在别人面前的大多只是浮华的一面。要是你和别人能够互换一下的话，会不会就真的快乐了呢？未必！

　　在河的两岸分别住着一个和尚与一个农夫，和尚每天看农夫日出而作日落而息，生活非常充实，他相当羡慕；农夫看和尚每天无忧无虑地诵经敲钟，生活轻松，也非常向往。因此，他们心中渐渐地产生了一个念头："到对岸去！换个新生活！"有一天他们商量一番，达成了交换身份的协议。

　　当农夫做上了和尚后，才发现敲钟诵经的工作看起来悠闲，事实上却非常烦琐，每个步骤都不能遗漏。更重要的是，僧侣生活非常枯燥乏味，让他觉得无所适从；成为和尚的农夫每天除了耕地除草之外，还要应付俗世的烦扰与困惑，这让他苦不堪言。于是，他们的心中同时响起了另一个声音："还是回去吧！"

　　人们常说：没有得到的，就是最好的。很多人也抱着这种心理，其实这完全是人的心理作用，当梦醒的时候，就会发现自己的才是最好的。而且，我们在羡慕别人的时候，自己也是别人眼中的风景。如此看来，我们真的没有必要去羡慕别人，而应该感谢上天所赐予自己的一切。

　　静下心来吧，摆正自己的心态，多关注一下自己，学会理性地分析生活，以积极的心态看待自己所拥有的，用欣赏的眼光享受当下的美景。你会发现，自己原来如此的富足，进而获得心灵上的快乐和满足。

黄美廉生下来不久就被诊断出患有脑性麻痹,全身不能正常活动,肢体没有平衡感,手足时常乱动,口齿吐字不清。就是这样一个人,却靠着无比的毅力与信仰,在美国拿到了美国南加州大学艺术博士。黄美廉还在台湾开过多次画展,并到处用她自己的事例,现身说法,帮助他人。

　　有一次,黄美廉应邀到一个场合"演写"(不能讲话的她,必须以笔代口),会后发问时,一个学生当众小声地问:"你从小就长成这个样子,请问你怎么看你自己? 你都没有怨恨吗?"对一位身有残疾的女士来说,这个问题是那样的尖锐而苛刻,在场人士无不为她捏一把冷汗,生怕会深深刺伤了黄美廉的心。

　　但是,黄美廉却不介意,只见她回过头,用粉笔在黑板上吃力地写下了"我怎么看自己"这几个大字。她笑着再回头看了看大家后,又转过身去继续写着:

　　一、我好可爱!

　　二、我的腿很长很美!

　　三、爸爸妈妈这么爱我!

　　四、上帝这么爱我!

　　五、我会画画! 我会写稿!

　　六、我有只可爱的猫!

　　七、还有……

　　忽然,教室内鸦雀无声。黄美廉又回过头来静静地看着大家,再回过头去,在黑板上写下了她的结论:"我只看我所拥有的,不看我所没有的。"众人安静了几秒钟后,一下子,全场响起了雷鸣般的掌声,无数人感动得流下了激动的泪水。

在旁人看来，黄美廉是那么不幸的一个人，为什么她却一点也没有觉得自己不幸呢？一句话可以解开其中的奥秘——"我只看我所拥有的，不看我所没有的。"正因为她从来不羡慕别人的生活，只关注自己所拥有的，生活在自己的天地里，才能不受外界的干扰干自己的事，也才能取得如此显著的成就。

"玫瑰就是玫瑰，百合就是百合，只要去看，不要攀比。"不要再去羡慕别人如何如何，好好算算上天给你的恩典，接受它，且善待它。守住自己所拥有的，并用适当的方式来告诉人们"我活得很好"，这是一种乐观而自信的心态。

不去羡慕别人，你的内心将变得豁达开朗，通达畅快；不去羡慕别人，你的日子就会变得悠然平静，从容不迫；不去羡慕别人，你才会找到自己的生活，过好你自己的日子。无论你是玫瑰还是百合，不必羡慕别人的美丽，用心地做好自己，终会有花团锦簇、香气四溢的那一刻。

③

请别丢了你独一无二的价值

每一个生命都以独特的姿态存在着，展示着自己独特的个性，彰显着自身独有的价值。然而，有些人却不懂得这个道理，他们亦步亦趋地效仿他人，希望自己能生活得像别人，结果呢？只会失去自己，真可谓得不偿失。

东施效颦的故事，我们大多数人都听说过：

春秋时代，越国之女西施美貌倾城。无论是她的举手投足，还是她的音容笑貌，样样都惹人喜爱，不管走到哪里都有很多人向她行"注目礼"。西施的邻居是一个名叫东施的丑女子，她相貌难看，却一天到晚做着当美女的梦。无论是在衣着，还是发式，她总是刻意地模仿西施，但是仍然没人说她漂亮。

西施患有心口疼的毛病，一天她的病又犯了，只见她手捂胸口，双眉皱起，反而流露出一种娇媚柔弱的女性美，更加楚楚动人了。当她从乡间走过的时候，乡里人无不睁大眼睛注视。见此，东施便学着西施的样子，她也手捂胸口招摇过市，那种矫揉造作的丑态使她更难看了，人们看到她就像见了瘟神一般，远远地躲开了。

东施效颦为什么不惹人喜欢，反而惹人讨厌呢？就是因为她盲目效仿，把西施的形象生硬地搬到自己身上。或许东施本来不丑陋，但她因为扭曲自己的个性，一味地去模仿别人，失去了自我，忸怩作态，矫揉造作，终于把自己变成了一个什么都不是的丑女。

现代社会日新月异，快速的节奏和巨大的生活压力，使得很多人心变得迷茫，目标变得混乱，不知道自己是谁了。于是，一大批的现代"东施"出现了，他们盲目崇拜，简单模仿，喜欢跟风，就像墙头的轻草一样，哪里风大倒哪里，一点自己的主见都没有，人云亦云，堪比附庸。

盲目地模仿别人，表面上看起来只是个人的性格问题，其实它会给你的生活、事业套上无形的枷锁。因为，你失去了自信心，失去了用自己的头脑思索问题并作出人生抉择的能力，时间长久必定会失去自我，正如卡耐基的一句话："整日装在别人套子里的人，终究有一天会发现，自己已变得面目全非了！"

事实上，我们谁都是有自我价值和社会价值的，每个人都有自己的独特特点。正如阿伦·舒恩费教授所说："对于这个世界来说，你是全新的，以前从没有过，从诞生那一刻一直到现在，都没有一个人跟你完全一样，以后也不会有，永远不可能再出现一个跟你完完全全一样的人。"

物有贵贱之别，人有美丑之分。上天造人各不同，人既有独特性，也有差异性，这是大自然的法则，也是大自然的规律。更重要的是，这种差异性也是大千世界丰富多彩之所在。倘若天下万物都是一般模样，人间大众都是一个形状，那么这个世界岂不是死气沉沉，如同朽木一般毫无生机。

所以我们应该庆幸，我们是这个世界上独一无二的个体，我们有着其他人不具备的天赋和能力。所以，我们完全没有必要去羡慕别人，去嫉妒别人，更没有必要去模仿别人。所以，我们要保持自我，完善自我。只有如此，我们才能够活出一个真实的自我，捍卫自己独一无二的地位。

　　对于这个道理，库莎历尽波折才明白。

　　库莎的妈妈很守旧，她认为库莎一定要像自己一样贤惠，做一个传统意义上的家庭主妇。所以，库莎一直在跟着妈妈学习穿衣打扮、为人处世，但她总是觉得妈妈的有些习惯是自己不喜欢的。后来，库莎嫁给了一个比自己年长几岁的男人。婆家是个平稳而自信的家庭，他们的一切优点在她身上似乎都无法找到。库莎总想尽可能地做得像他们一样好，但她就是做不到，不是表现得太活跃，就是感到无比沮丧。她认定自己是个失败者，变得喜怒无常，甚至想到了轻生……

　　但是，库莎没有自杀，她反倒真的像变了一个人。这一切，都源于她与婆婆一次偶然间的谈话。婆婆谈到自己带孩子的经历时，对库莎说道："无论发生什么事，我都让他们坚持做自己。""坚持做自己"——终于，库莎从困境中明白过来，原来自己一直都在勉强自己去做一个自己并不大适应的角色。

　　看到了吧，库莎刚开始之所以活得不够坦然，就是因为她从小跟着妈妈学习穿衣打扮、为人处世，后来又总想尽可能地像婆家人一样，一直在做自己并不大适应的角色。之后她坚持做自己的一系列表现，都是强化自我价值的举动，当她找到自我价值时，她的自信就有了，生活也就安然了。

你就是你，没人能够代替你，你也无法替代别人。即便你模仿得很像，那也是别人的荣誉，而不是你的。只有充分认识到自己独一无二的地位，才有可能获得最大程度上的信心，进而活出一个真实的自我。"天生我才必有用"、"吾辈岂是蓬蒿人"等千古名句阐释的也正是"人各有才，坚持自我"的道理。

相信自己就是最棒的，敢于展示真实的自己，而不是刻意地去模仿别人。也许你没有漂亮的脸蛋，但是你有优美的嗓音；也许你没有窈窕的身材，但是你有一颗善良的心灵。总之你是独一无二的，是无可替代的。尊重上苍给你的才能，这才是真正适合你的，也才是只属于你的美丽！

4

随便他人怎么想，为自己而活

生活中，我们常常会不自觉地在乎别人的眼光，为了得到别人的满意我们可谓费尽心机：猜测别人的想法，猜想别人的评判……并小心翼翼地行事，唯恐别人指责。以别人的标准来衡量自己的人，无非是想通过听取别人的意见，来获得更为和谐、更为良好的人际关系，这本无可厚非。

但是，你要知道，每个人的利益是不一致的，每个人的主观感受也是不同的，即使我们千般小心万般在意，也照样会有人不满意，所谓众口难调难以赢得所有人的欣赏。如果为此费尽心机，小心翼翼地行事，很容易搅乱自己的内心，失去应有的目标和方向。如此没有自我的生活是索然无味的，苦不堪言的。

有一个公司职员，他一心一意想升官发财，可是从风华正茂熬到斑斑白发，却还只是一个不起眼的小小公务员。这个人整天都郁郁寡欢，每次想起自己的一生就掉泪，有一天竟然号啕大哭起来。

一位新同事刚来办公室工作，觉得很奇怪，便问他到底为何如此难过。他回答道："唉，你有所不知。年轻的时候，我的上司爱好文学，我便学着作诗、学写文章，想不到刚觉得有点小成绩了，却又换了一位爱好科学的上司。我赶紧开始研究物理，不料上司嫌我学历太浅，还是不重用我。后来，换了现在这位上司，我自认文武兼备，人也老成了，谁知上司竟然喜欢青年才俊，我……"

"我一直想得到上司的欣赏和重用，为上司们活了一辈子，但是……"说着，这个人又禁不住地哭泣起来，"如今我年事已高，过不了几年就要退休了，但是却一事无成，你说我怎么不难过？"

这位职员因为在乎每一位上司的眼光，处心积虑地为每一位上司而活，一段时间学作诗写文，一段时间研究物理……到最终还是没有获得重用，得到的只是懊恼和羞愧。即便他最后获得了上司的重用，他的心也是不得轻松、没有快乐感的，因为他根本已经不清楚自己内心的真正追求。

更何况，在日常生活中，总有那么一些人自己不做事，别人做事还不舒服，"恨人有，笑人无"。你不做事，他说你没能耐；你做事，他说你逞能；你搞经济，他说你不懂政治；好也不是，坏也不是。总之，他那张嘴反正都是理，这是人性中的弱点。

所以，对于别人的评论，我们应当学会释然。无论是在哪种场合，我们都不必活在别人的世界，处处担心别人怎么想自己、怎么看待自己，而应该在意自己想什么，安心怎样做好自己。当你懂得了这种释然，你就会体会到什么才是真实的、无忧无虑的生活。

一天，一位妇人到服装专卖店，花了上千元买了一套名牌内衣。有人问她，买这么高档的内衣穿在里面，别人又看不到岂不可惜？她淡淡地回答，"我穿衣服是为了自己舒服，自己高兴，又不是给别人看的。"

"我穿衣服是为了自己舒服，自己高兴，又不是给别人看的。"只要自己穿着舒服，穿得舒心，完全没有必要在乎别人的眼光，计较别人的看法。内心淡然而定，坦然自若，安心做好自己，这种定力是相当重要的。

　　蒂姆·邓肯是 NBA 史上第一前锋，现在是美国马刺队的当家球星，他有一个绰号叫作"石佛"。人们之所以叫他"石佛"，一是他的表情总是严肃冷峻的，二是他总是处事不惊，坚持自己的追求。他不在乎别人说什么，在赛场上发挥稳定、少有起伏，这也正是邓肯最大的特点。

　　有段时间，美国各篮球俱乐部进行全国总决赛，由于缺少了湖人大腕球星的身影，电视收视率大幅下降。有记者提问马刺是不是"收视毒药"，邓肯并不在意，"我们不在乎这个，马刺队一心只想赢球。拿下总冠军，这才是最重要的。我的目标就是获胜，至于其他的，随别人怎么想。"

　　有人指责邓肯的球风过于朴素、性格太过沉闷、赛场上毫无激情可言，但这丝毫不影响邓肯的士气和信心。他说："我只是在按照正确的方式打球，我只是每年接受挑战，我不需要引起别人的注意。"十几年如一日，他兢兢业业、勤勤恳恳、任劳任怨，低调而且沉稳，最终用自己的努力证明了自己的能力。

　　"随别人怎么想！"这句话说得真好，还有一句话说："20 岁时，我们顾虑别人对我们的想法；40 岁时，我们不理会别人对我们的想法。60 岁时，我们发现别人根本就没有想到我们。"这并非一种消极态度，因为大多数人都有自己的事情要做，并没有多少时间把注意力集中在我们身上。

比如，你在大街上当众不小心摔了一跤，惹得路人哈哈大笑。你当时一定很尴尬，认为全天下的人都在看着你。但是你如果站在别人的角度考虑一下，就会发现，其实这件事只是他们生活中的一个小插曲，甚至有时连插曲都算不上，他们顶多哈哈一笑，然后就把这件事忘记了。

记住，唯有你才是自己的主人，也唯有你对自己的人生有决定权。不必在意别人冷漠的表情、窃窃私语；不必费心去猜测、琢磨别人怎样评价你，安心地做好自己，让心灵自在飞翔，生活也就跟着轻松了、愉悦了。

5

没错，我就是第一

"哎，我算老几呀？"我们不难听到这样一句自我揶揄的话。在这些说话人的心中，站在自己前面的人太多了，自己真的不知道是老几。尤其是看到那些光鲜亮丽的人，总觉得自己如丑小鸭一般，绝不可能有成功的机会。可是，你想过没有——一个连自己都不知道是老几的人，又有谁会看重他呢？

事实上，看轻自己的人，无论对待什么事情都没有自信，这等于藐视自己的能力，这也是对自己的一种"侮辱"。因为，这个世界上不存在绝对不可能的事情，能否成功，关键在于是否能够爆发自身的潜能。如果你希望活得快乐，活得安然，就要学会相信自己，相信自己就是第一！

看一下下面这个故事，相信你会明白为什么自信那么重要。

小时候，基安勒随父母移居到美国，由于家境贫困，他童年生活非常悲惨，痛苦和自卑也成为他的不良的印痕。有一天，他忍不住质问父亲为什么他们会这么穷，他那碌碌无为的父亲告诉他："认命吧，孩子，你将一事无成。"这个说法令他十分沮丧，他不知道自己的出路在何方。直到有一天，母亲告诉基安勒："你要永远记住，世界上没有谁跟你一样，你是独一无二的。"母亲的话燃起了基安勒心底的希望之火。从此,他认定自己就是第一,没人比得上他。

当第一次去应聘时,基安勒没有交出自己的名片或者简历,而是递上一张黑桃 A。黑桃 A 在他们的国家代表了最大和最强。当时,老总怔了一下,然后直盯着他的眼睛,问他:"你是黑桃 A?"

"没错。我就是黑桃 A!"基安勒也注视着老总的眼睛。

"为什么是黑桃 A?"老总的目光有些咄咄逼人了。

"因为黑桃 A 代表第一,而我刚好是第一。"基安勒迎着老总的目光,毫不回避。

就这样,基安勒就被录用了。

之后,基安勒每天睡觉前都要重复儿遍说:"我是第一,我是第一。"日复一日,这种鼓舞性的暗示坚定了他的信念和勇气。他成功了,而且是真正的世界第一。最终凭借着他的努力一年推销 1425 辆车,创造了吉尼斯纪录。

基安勒为什么能够从一个默默无闻的年轻人一跃而为世界富翁?秘诀就在于自信,是自信贯穿于他的事业,奠定了他成功的基础。你敢不敢像基安勒那样对别人大声地说"没错,我就是黑桃 A"、"我就是第一"呢?

分析许多都市人士失败的原因,不是因为天时不利,也不是因为能力不济,而是因为自我心虚,怀疑自己的能力,总觉得自己这也不是,那也不行。马克思说:"伟大人物之所以看起来伟大,只是因为我们自己在跪着看他。站起来吧!"自卑正是使你下跪的原因,而跪着的你,并不是你真正的高度。

是啊，站起来吧！不论出身优劣，才干大小，天资高低，成功都取决于坚定的自信心。无论何时，相信自己的能力，相信自己最棒，相信"我是黑桃A"！不管能否成为现实，在意识里播种"我是第一"的信心，这样，我们的个性就会真正成熟起来，我们的能力就能得到最大限度的发挥。

世界上本没有什么依仗魔力便获得成功的人，谁也不是天生的伟人。其实所有人都在同一条起跑线上，只是那些成功的人总是愿意相信自己，先坚定自己必胜的信心，并主动展现自己的能力，最终取得辉煌的成就。这正印证了爱默生的一句名言："相信自己'能'，便攻无不克。"

从20世纪初开始，无数人都渴望完成一个看似不可能完成的目标：在4分钟内跑完1英里。1945年，瑞典人根德尔·哈格跑出4分1秒04的成绩，此后的八年里没有人能够超越他创下的成绩，而且所有人都认为自己做不到。

在这沉寂的八年中，就读于牛津医学院的罗杰·巴尼斯特却始终梦想着突破四分钟极限，他是个不服输的人，也坚信自己能够做到，他不停地提高跑步速度。终于在1954年，罗杰·巴尼斯特超出了所有人的意料，跑出了3分59秒04的成绩，打破了关于"极限"的这个概念，书写了新的世界纪录。

面对八年无人打破的"极限"，巴尼斯与常人不同的是，他多了一份"我能够成功"的积极信念，这促使他不停地提高跑步速度，最终得偿所愿。试想，如果巴尼斯特内心的信念是消极的，潜意识中认为自己不行，无法超越纪录，那么即便他具备了能力，恐怕也会因为不自信而真的不行。

当然，"我是第一"不是夜郎自大、得意忘形，更不是毫无根据地自以为是或盲目乐观，而是在无人为你鼓掌的时候，给自己一点鼓励；在无人安慰自己的时候，为自己擦掉泪滴；在自惭形秽的时候，给自己一点自信。认识到自己的价值，就不会随意地贬低自己，也不会感到压力重重。

下次，假如有人问你："你是不是第一？"你该怎样回答？如果你渴望成功，并且意识到需要在头脑中播种争当第一的信念，就回答："当然是第一！"为什么一定是第一呢？很简单，因为你本来就是第一。在心里多念几次，慢慢地你定会发现，自己真的很棒了！人生也会变得更美好！

6

最成功的人生是活出了自己

　　什么是最成功的人生呢？这个概念实在过于抽象。但唯有一点是必须坚信不疑的，那就是，成功的人生并不在于你获得了多少东西，也不在于你一定要做得比谁更好，而在于你必须要做好自己，体现出自己的人生价值。

　　下面这则寓言也许能说明问题：

　　一只大猫看到一只小猫在追逐它自己的尾巴，于是问："你为什么要追逐自己的尾巴呢？"小猫回答说："我了解到，对于一只猫来说，最好的东西便是幸福，而幸福就是我的尾巴。因此，我要追逐我的尾巴，一旦我追逐到了它，我就会拥有幸福。"

　　"傻孩子，"大猫说："在年轻的时候，我也曾经认为幸福就在尾巴上。但后来我发现，无论我什么时候去追逐，它总是逃离我，于是我放弃了。结果呢？当我着手做自己的事情的时候，才发觉无论我去哪里，它都会跟在我后面。"

　　获得幸福的最有效的方式就是避免去追逐它，不向别人要求它。或许，你现在做得不够好，觉得自己与成功还有千里之遥；或许，你现在做得很好，觉得自己还想做得更好。但是，不如自己也好，超越自己也好，成功的标准不高也不低，它只需要你做好自己。

的确，戏剧小人生，人生大舞台。每个人，都是人生舞台上的演员。每个人，都是在人生舞台上扮演自己的演员。无论你是光彩照人的大人物，还是默默无闻的小人物，这些都不是重要的，重要的是你要演好自己。只要你发挥了自己最大的优势，就能让自己的人生精彩，给人留有印象。

莉莎今年只有8岁，她非常热爱表演。有一天，学校要排演一个大型的话剧"圣诞前夜"。莉莎感觉到自己的机会就要来了。在爸爸妈妈的鼓励下，莉莎走进了面试的地点。她原本以为，自己会成为主角，然而令她没想到的是，自己却只是扮演一只小狗。回到家，莉莎无比失望，连晚饭也不想吃。

妈妈看到莉莎的这个样子，心里也很难受，便和她聊天："莉莎，你得到了一个角色，不是吗？"莉莎红着眼："妈妈，你别安慰我了，我只能演条狗，只好汪汪叫！"妈妈看着她，严肃地说："你为什么会有这种想法？其实，你不要看不起这个角色，你完全可以用主演的心态去演戏。你只有投入进去才能够演好，即使角色只是一只狗，你也可以成为主演。只要拥有主演的心态，你就是主演。"莉莎听了妈妈的话，一个人对着镜子喃喃自语："对啊，其实我需要的是一个上台的机会，而不是一定要当主角！那只小狗狗，我不该看不起你的，毕竟你就是我，而且你看上去很可爱！"

从这以后，莉莎再没抱怨过什么，全身心地投入到排练之中。很快圣诞节到来了，尽管莉莎不是主角，可是她用心地表演，赢得了所有人的掌声。甚至，她的精彩已经盖过了主角，所有人都被她那精彩的演技折服了。那个夜晚，几乎所有的人都记住了那只汪汪叫的"小狗"，莉莎激动得热泪盈眶。

虽然扮演的只是一只汪汪叫的小狗，但是莉莎用心的表演，赢得了所有人的掌声。生活中，如果我们像莉莎那样努力，带着主演的心情去生活，把自己当成是主演，那么我们就会发现——其实自己正是那个被人羡慕已久的主演。

有的人一生也没有挣到房屋数栋，一辈子也没有拥有过香车美女。但是，他们一直安安心心地做自己，体现出了自己的人生价值，在回忆此生之时觉得不怨不悔，自己的口碑在朋友圈中极好。这不也算是一种成功吗？他们没有在金钱、权利上有所收获，但他们收获的是整个人生。

卡耐基曾经说过一段耐人寻味的话："发现你自己，你就是你。记住，地球上没有和你一样的人……在这个世界上，你是一种独特的存在。你只能以自己的方式歌唱，只能以自己的方式绘画。不论好坏与否，你只能耕耘自己的小园地；不论好坏与否，你只能在生命的乐章中奏出自己的音符。"

人每天奔波在繁华都市中，所追求的应当是自我价值的实现以及自我珍惜。所以，我们不该为自己是他人眼中的主角就扬扬得意；也不要为别人的轰轰烈烈而无地自容；更不要为自己的平平常常而妄自菲薄。你就是自己人生的主角，只要能够尽心演好自己的角色，就是一种快乐，就是一种成功！演好自己的角色，生命就不会白费。

图书在版编目（CIP）数据

心中开出莲花，世界一片清凉 / 木槿花著 .—北京：
中国华侨出版社，2016.10

ISBN 978-7-5113-6362-6

Ⅰ.①心… Ⅱ.①木… Ⅲ.①成功心理 – 通俗读物
Ⅳ.① B848.4–49

中国版本图书馆 CIP 数据核字（2016）第 237324 号

心中开出莲花，世界一片清凉

著　　者 /	木槿花
责任编辑 /	嘉　嘉
责任校对 /	高晓华
经　　销 /	新华书店
开　　本 /	670 毫米 ×960 毫米　1/16　印张 /17　字数 /208 千字
印　　刷 /	北京建泰印刷有限公司
版　　次 /	2016 年 11 月第 1 版　2016 年 11 月第 1 次印刷
书　　号 /	ISBN 978-7-5113-6362-6
定　　价 /	32.00 元

中国华侨出版社　北京市朝阳区静安里 26 号通成达大厦 3 层　邮编：100028
法律顾问：陈鹰律师事务所
编辑部：（010）64443056　　64443979
发行部：（010）64443051　　传真：（010）64439708
网　址：www.oveaschin.com
E-mail：oveaschin@sina.com